鑑賞系列 1

雅石

鑑賞與收藏

◉沈泓 著

品冠文化出版社

國家圖書館出版品預行編目資料

雅石鑑賞與收藏 / 沈泓　著
——初版，——臺北市，品冠文化，2009〔民98.1〕
面；21公分 ——（鑑賞系列；1）
ISBN 978－957－468－660－5（平裝）

1.奇石　2.蒐藏品
358.8　　　　　　　　　　　　　　　　　　97021351

雅石鑑賞與收藏

ISBN 978－957－468－－

著　　　者／沈　　泓
責任編輯／林　　鋒
發 行 人／蔡 孟 甫
出 版 者／品冠文化出版社
社　　　址／台北市北投區（石牌）致遠一路2段12巷1號
電　　　話／（02）28233123・28236031・28236033
傳　　　眞／（02）28272069
郵政劃撥／19346241
網　　　址／www.dah－jaan.com.tw
E－mail／service@dah－jaan.com.tw
承 印 者／弼聖彩色印刷有限公司
裝　　　訂／建鑫裝訂有限公司
排 版 者／弘益電腦排版有限公司
授 權 者／安徽科學技術出版社
初版1刷／2009年（民98年）1月

定　價／680元

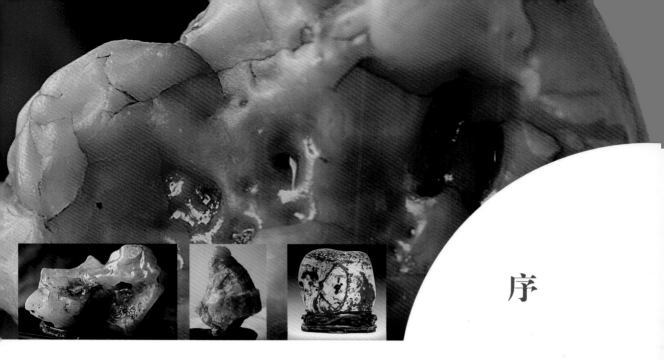

序

　　石聚天地之精華，匯山川之秀美，默默無語，卻在沉雄中孕育思想和哲理；隨遇而安，卻在淡泊中閃爍智慧的光芒；無欲無爲無求，卻在周轉流變中無爲無不爲。所以，「花如解語還多事，石不能言最可人。」

　　人們收藏、鑑賞各種各樣的石頭——寶石、玉石、雅石、印石、硯石、鑽石等，事實上就是在尋找和印證人自身人格的光輝，也是將人本質力量對象化的一種理想方式。所以，「君子佩玉」。

　　所有的石頭都具有崇高的品格，然而只有「天賜雅石，人賦妙意」的石頭（可統稱爲寶石），才作爲人們鑑賞和收藏的石頭。它不是普通的石頭，而是大自然賜予人間的瑰寶。它珍貴是因爲它稀少，僅僅滄海之一粟，僅僅萬山叢中之一脈；它價值連城，是因爲它獨一無二，且最完美地凝結人類的審美理想。所以，古代王者願意拿幾座城池換取一塊小小的玉石。

　　今人玩石、珍石、藏石、賞石或許更加瘋狂。在我認識的人中，有人愛石如妻，抱石而眠，有人將家園變石屋，有人飲食節儉卻對石頭一擲千金，有人爲心愛的石頭負債累累，有人甚至拿生命換取石頭——多

序

少溯溪尋石、深山採石踏上不歸路的收藏家，在山川間寫下了最悲壯也是最淒美的新石頭記。也許，只有將肉軀融入石頭，才能賦予石頭以靈性；也許，只有將生命奉獻給石頭，才能賦予生命以永生！

正如上帝也會出錯，石頭也常常充滿矛盾。我們講石頭有堅定的信念、頑強的品格、淡泊的態度等都是精神的，而這本書除了收藏鑑賞的精神品位，還有「點石成金」投資創富的俗人內容。精神和物質、高雅和流俗、理想和功利在這裡似乎是矛盾的。因其矛盾，石頭教給我們辯證法。矛盾中有統一，石頭的精神價值凝結在物質價值上，相得益彰。大俗才能大雅，石頭的圓融教給我們包容萬物的胸襟，石頭收藏鑑賞的屬性和投資增值的屬性，將隨著當代收藏投資大潮而交相輝映。

賞石藏石需要一雙慧眼。沒有慧眼，寶石當前，也會視而不見；有了一雙慧眼，人人都不屑一顧的石頭，在你的發現下也會價值連城。本書是中國第一本將石頭收藏、鑑賞、投資三者融為一體的全彩印圖書，它將帶給你一雙慧眼。對於收藏愛好者，金錢不是財富，知識才是真正的財富。

目　錄

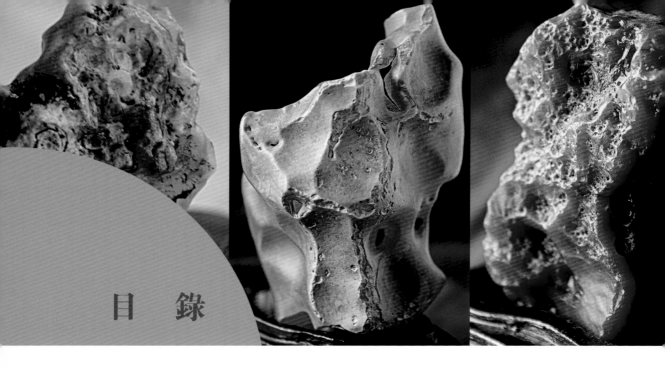

目　錄

第一章
什麼是雅石

石奇含天地，趣雅意雋永。

—— 佚名

雅石是自然界眾多岩石中的一種具有收藏、觀賞和交換價值的石質天然藝術品。

雅石千姿百態，古樸典雅。一方上好的雅石就是一段歷史，一段故事，一道風景，一段回憶。因此，雅石被稱為無聲的詩，立體的畫，博學的書，不凋的花。

什麼是雅石？至今也沒有定論，就是雅石的名稱，也沒有統一之說，目前在中國其名稱有雅石、奇石、山石、水石、美石、文石、貢石、怪石、觀賞石、紀念石、壽石、供石、禪石、靈石、藝石、石玩，等等。

世界上名稱最多的藏品

目前，雅石的稱謂之多，是任何一種藏品都不可能達到的。

除了雅石這一名稱，還有觀賞石、奇石、石玩、賞石、水石等稱謂，各含其意，彼此貫通，很難道其伯仲。對於雅石的命名，由古至今，一直是中國賞石界，乃至世界雅石收藏界爭論的焦點之一。

雅石之奇是指怪異，雅石之雅是指別致，賞石之賞是指觀看，石玩之玩是指把弄，聖石之聖是指尊崇，水石之水是指形成，壽石之壽是指長久，供石之供是指單擺。

所以，有研究者指出：「都叫雅石分不開檔次，都叫奇石分不開類別，都叫賞石分不開石賞，都叫石玩分不開大小，都叫聖石分不開尊卑，都叫水石分不開火生，都叫壽石分不開短長。」

提到供石，往往有很深的敬意，它源於一種人格化的崇尚和追求，有很強的自律性，在人們心中只擺一塊。既然擺著的是石頭，就應該涵蓋著奇、雅、玩、賞、聖、水、壽等方面。因此，所稱供石，給人們潛移默化的感覺其實就是精品。

雅石的領域是一個人人都可涉足，又不是人人都能進入的藝術殿堂。進來的不知自己離頂點還差很遠，沒進來的還以為自己已經進得很深了，它有一道無形的門。各類藝術，有各種審美標準，隔行如隔山，但供石的審美標準，卻需要各類藝術作為基礎，各種文化作為底蘊。每一方供石都像一部無字天書，博大精深。這是收藏界對雅石和供石的觀念。

雅石的英文名稱

作為賞石活動的客觀物件——石頭，各國各地的不同時期都有不同的叫法，由此而出現的英譯也是異彩紛呈。為加強賞石文化活動的國際交流，有必要將有關命名予以合適的英譯。綜合專家觀點，雅石各名稱的主要英譯名如下：

湖南武陵石（沈泓藏）　　　　　　　帶雞血紅的沙漠石（沈泓藏）

雅石　　exquisitestone; elegantstone

奇石　　marvellousstone; rarestone

觀賞石　　ornamentalstone; appreciationstone; appreciatingstone

石玩　　SHIWAN; stonecurios

怪石　　grotesquestone

壽石　　grotesquestone

水石　　SUISEKI（日本命名）

藝石　　maturalstone（臺灣譯名）

靈石　　intelligencestone

禪石　　meditativestone

「觀賞石」名稱的由來

觀賞石就是雅石，然而，作為一個獨立的名稱，它又有其獨到的意蘊。

我們談到觀賞石的時候，往往是側重於指經過大自然洗練而天然形成的石質藝術品。它具有大自然賦予的獨特的形態、色澤、質地和紋理。

藏玩雅石是人們親近自然的一種表示。觀賞石是大自然的傑作，富於變幻而無定型，可以充分調動觀賞者的審美情趣和想像力。

隨著愛石之風興起，「觀賞石」三字已成為愛石朋友的口頭語，但觀賞石的名稱是怎樣產生的卻很少有人知曉。

觀賞石具有大自然賦予的獨特的形態、色澤、質地、紋理（沈泓藏）

　　1989 年，為了適應我國賞石形勢的發展，在北京召開的「京津冀石玩藝術研討會」上，許多代表認為隨著我國愛石、賞石之風風起雲湧，愛石隊伍不斷擴大，應當有一個全國統一的名稱。

　　會上，大家熱烈發言，擺出了珍石、美石、雅石、靈石、奇石等 16 種名稱。又經過進一步反覆討論篩選，選出了觀賞石、欣賞石、雅石、石玩 4 個名稱，而大多數人傾向於觀賞石與雅石。

　　會後，由當時中國地質學會科普委員會會長李維信帶著討論的情況，分別向美學大師王朝聞，著名畫家吳作人、黃胄，著名文學家馮其庸一一請教。又向 4 位著名地質學家黃汲清、楊遵儀、高振西、張青蓮分別徵求意見。經過眾多學者與專家們商討推敲，認為「觀賞石」之名較為妥切。

　　「觀賞石」成為全國統一的名稱，是我國賞石文化發展的必然產物。「觀賞石」這一名稱的可貴之處，就妙在它既包容了愛石賞石之「人」，又蘊涵了被人品賞之「石」，將「賞石之人」與「人賞之石」完美結緣於「觀賞石」三字之中。

　　石在山野，雖有大美，未經人品賞則難以進入觀賞石之行列，山野之石只有受到人的品賞才具有藝術的品位。人們以審美的眼光去發現觀賞石之美，石也由人的品賞而獲得藝術的靈性。參與定名者認為，「觀賞石」這一名稱，以最簡潔的語言體現了人與石之間的交流。所以，廣義地講，凡具有觀賞、玩味、陳列、裝飾價值，能使人感官產生美感、聯想、激情的一切自然形成的石體，都可稱為觀賞石。觀賞石不受大小、形狀、色彩、質地和地理位置的限制，它包括宏觀的構造和五彩繽紛的微觀世界。

　　狹義觀賞石係指天然形成的具有觀賞、玩味、陳列和收藏價值的各種石體，一般包括未經琢磨而直接用於陳列、收藏、教學裝盆、造園的岩石、礦物、化石和隕石等。

　　觀賞石之美是獨特的，不能複製的，它所表現的天籟呈象之豐富多姿，早已超出了人們的想像空間，它所獨具的詩情畫意可以毫無愧色地傲立於人類藝術品之上。

在現實生活中，更多的人將賞石稱為雅石，似乎更有山野之趣。可以說，「雅石」是小名，「觀賞石」是學名；「雅石」是古代文人對賞石的愛稱，名稱更具古意，「觀賞石」是現代科學家和藝術家的新命名，名稱更現代更嚴謹；「雅石」名稱充滿文化氣息，「觀賞石」名稱充滿藝術氣息。筆者以為，兩個名稱可平分秋色，但筆者更傾向於「雅石」之稱，專家學者在定名之時最終大多數人傾向於觀賞石與雅石，也說明了雅石之稱同樣具有廣泛的群眾基礎。因此，在本書中，有時候使用「雅石」，有時候使用「觀賞石」。

藝術家眼中的雅石

自古以來，不同鑑賞者眼中有不同的雅石觀，而作為藝術品，雅石天生與藝術家有緣。藝術家特別是書畫家幾乎都喜歡雅石，很多書畫家就是雅石收藏家，而作為有獨到審美眼光的藝術家，可以說人人都是雅石鑑賞家。因此，藝術家眼中的雅石模樣，對我們從美學角度把握雅石的底蘊是有幫助的。

一次，有人問臺灣著名藝術家楊英風：「一顆石頭，看不出它像什麼，那麼它有什麼美？美在哪裏？」

楊英風說：「欣賞一朵花，難道花要像什麼嗎？賞花就是愛賞花本身之美啊！晨曦日出是那麼美，難道日出該像什麼嗎？日出本身的光芒和色彩就是一種美，不是嗎？」

所以，楊英風眼中的雅石是：石頭本身就能傳達出美（不必一定要像什麼），它是含蓄的、沉定的美，是樸實的、堅貞的美，是刻畫著大自然生命變替、歲月痕跡之美，是映射著宇宙撞擊而壓力迸發的能量之美。

楊英風 1926 年生於臺灣省宜蘭縣，曾就讀於日本東京美術學校建築系、北平輔仁大學美術系、臺灣師範大學藝術系、義大利羅馬藝術學院雕塑系。他終生致力於雕塑的研究和創作，作品豐富，多與建築、環境結合，散佈於中國、日本、新加坡及美國等地。

王承祥藏黃河石

楊英風說：「中國人懂得欣賞石頭，珍視這一脈承傳的雅好，乃是建立起一條通往自然的捷路，發掘出天地大美之無限、力之永恆。這是中國人富有哲思的文化生活之一端，我們今天保有它、傳揚它，是我們的驕傲，更是我們的責任。」同時他還指出：「中國人特出之處是崇尚自然的真性力美，將自然收攝於生活之中，眼前咫尺，臥遊山川，提升自己，放任自己於那一方小天地所含蓄、幻化的大天地之中，從而凝練自己於高遠清曠的情操志節，與宇宙同化一體。然而這也並非深奧莫測之玄理，而是人人易懂的民俗文化之一端，是成熟文化的表現，比諸西歐文化，純將石頭當作建材築成城堡高塔，或將石頭當作素材來雕刻造型，真有天壤之別。」

臺灣書畫家呂佛庭畢生致力書畫，對雅石文化

也有很多宣揚與貢獻。呂佛庭認為：「觀有相之石，在玩石之所相之物，觀非相之石，在玩石之形質之美，非相之石，可以使人物我兩忘，意相雙泯，借石悟道，以達明心見性之境界。石雖不言，感而隨通，禪師千言萬語，無此功也。」

已故當代臺灣水墨畫家余承堯談到雅石時說：「無論任何藝術，如欲進一步成就，出類拔萃，必須具有一副深情至性，使能封培愛養，以藝術為藝術，博覽、廣採，從平淡無奇之中玩賞出優厚深藏之妙蘊情趣，以日常內心活動之成果開拓境界，初則由情生景，終而情景交融，妙化無比，渾然天地之間。」

廣西書畫院院士、廣西根藝石藝學術研究會副會長游國權是一位收藏家和鑑賞家，他認為中國傳統文化的結構是由「石文化」所表徵的以小見大，直會自然，神會山水的形而上的心靈視野之探索和超升，可以剖見中國文化的特質，這是從石文化的建立和流傳中我們應當參透、體認的理念。游國權說：「品石之要在於點化乾坤，神通百域，沿奇索妙，化巧歸真，真到妙處，悟到靈處，買到奇處，品到神處，自能造化圓融，天人互契，物我相融；自能因勢利導，開靈啟智，遂意騁懷；自能見微知著，博洽天機，品味虛實，激濁揚清；自能師化於芥子，察萬古於貞元，協陰陽於信宇，寓瞬間於永恆，自能涵無限於有限，洞太極於無極。」

臺灣水墨畫家戴武光任教臺灣新竹師範學院，也是一位雅石收藏家，他說他深深覺得石頭的意境與水墨畫的意境是相同的，兩者均要求「簡」，水墨畫要求筆簡意賅，表現重點；石頭要求渾圓，亦有相同意趣……兩者均要求古拙，是藏才斂氣的表現。畫筆不能太滑，滑則不厚，石頭不能太光亮，亮則纖巧。

兩者都是屬於心靈世界，只是藝術家更能以心靈映射萬象，代山川而立言，所表現的是主觀的生命情調與客觀的自然景象交融互滲。

收藏鑑賞家眼中的雅石

歷任軍政要職的林岳宗是臺灣樹石學會創始人。作為一位雅石收藏家，林岳宗眼中的雅石——蓋石歷太古，邁萬劫而益固，具堅貞之心，養天地之氣，介立宇宙。石以其產地品質之不同而互異其趣，真意境在於心領，旁顧以無景，細察皆丹青，或玄之猶真，真而有神，隱藏顯晦，變化萬千，是謂無物勝有物，無景勝有景也。

北京林業大學園林系主任、世界盆栽友好聯盟理事蘇雪痕認為，中國石文化與造園有著密不可分的關係。中國古典園林均崇尚自然山水，尤其是面積較小的私家園林中，一泓池水示江河湖海，一方雅石意峰巒山嶽，因此無園不石，無園不水。石玩、石供、山水盆景均屬由在園林中欣賞的大型雅石、寫意自然山水，演變成更進一步作為室內小型的欣賞品，以現咫尺山嶽、咫尺山林，讓人們神遊於這濃縮的大自然美景中詠詩作畫。由於佛教、儒家、道家以及眾多的文學藝術的影響，擴大了對石玩的欣賞範圍。崇尚自然到賞石悟性，從欣賞其形象、質地、色彩等形體美到悟其氣質、神韻等意境美。

香港賞石協會主席廖錦棠眼中的天然賞石不是人創造的。他說：「人只能發現它，它具有不受人的制約的天然屬性，因此，人對它的品賞過程，只能是發現過程。石的氣路和風韻，要靠人去發現、去認同，石的藝術內涵和審美意義，也靠人去感知，去悟對……」

泰國雅石研究學會會長周鎮榮覺得天然雅石妙在似與不似之間，渾然天成，非能工巧匠

所能及，天工造化，自成一派神韻風采。他說：「形態生動的雅石，本身就具有強烈藝術魅力，它不僅具有收藏與欣賞價值，而且雅石本身蘊涵著豐富和深邃的文化內涵，是人類無法創造出來的天然珍品。石頭是大自然的瑰寶，是天地的脊骨，盡隱於群山壑底，歷經億萬年的水銷土蝕孕育琢磨，既蒼渾又爾雅。它不僅能夠發人遐思，更能令人產生美感、聯想和激情，它雖不能言語，卻能納千言萬語的韻味，同時也由於它的堅硬、頑強和沉默，給人們留下了學習的榜樣。」

作家眼中的雅石

很多雅石收藏家本身就是作家，他們因雅石的靈蘊而獲得文采。如浙江作家、雅石收藏家羅志摩寫了一篇《供石頌》，將雅石用最精練的語言表述出來，出神入化，值得雅石愛好者觀摩研習。

石者，天地之骨，支撐乾坤，馱萬物而不倦，育群英而無私。在人足下，任人取捨，大者作磐石為礎，小者碾粉末如泥。為人類世代造福，忘自我朝夕相贈。其德其性，至善至美，感天動地。

女媧尊石齊天補蒼穹，盤古骨骼化石造乾坤，精衛銜石填海遂報冤，夏禹鑿石治水降惡龍。先民擊石取火，鑿石製器，琢石成珠，磨石為磬。鏘鏘然，石斧開，火種存，八音起，洪荒拓。神奇的東方石文化，從石頭中昇華，光燦燦，映照大地。

中華奇石文化，萌發於遠古，立言於商周，盛行於秦漢，移情於唐宋，傳流於明清，自唐宋又傳入日本、朝鮮，始而遍及四海。

曾記否？越王石明鑑貪廉，光明石知醫治疾，泰山石驅邪降妖，雨花石能詩善畫。周宣王鑿石作鼓，秦始皇鞭石造橋，陶淵明臥石尋夢，宋徽宗搜石殃民。陸游云：「石不能言最可人。」仲文曰：「此心唯有石頭知。」米元章抱笏拜石，以宅換石。蘇東坡畫竹換石，餅餌易石。杜季陽、林有麟等名士為石立譜。吳承恩崩石猴大鬧天宮，曹雪芹發狂思石頭鐫記，蒲松齡憤不平寫邢雲飛以身殉石，八大山人畫怪石蜚聲畫壇。鄭板橋慕其兀傲堅毅之風骨，李笠翁敬其樸實無華之秉性。沈鈞儒「與石居」深情滿樓，張輪遠「萬石齋」屋終身

石者，天地之骨（沈泓藏）

鑑賞與收藏

遊。鄰邦石友，繼我唐宋之遺風，以禪入
石。諸多神話、典故、趣聞、軼事，似春風
化雨灑落人間。

　　石哉！默默然，不分國界地域，相連相
鄰；不分高低貴賤，相依相親。無種族歧
視，無強權霸道。胸襟坦蕩，忠心耿耿。只
爲捐軀獻身，不求利祿貪生。身在人間無所
求，心繫天下一片情。人若如石，則天下爲
公，世界大同。

　　還有很多作家如賈平凹等也寫過雅石專文
和專著，欣賞作家筆下的雅石，對我們鑑賞雅
石也是有幫助的。

雅石的基本條件是什麼

　　雅石鑑賞家李蒂西和趙有德認爲，賞石行
爲的客觀物件都有一個共同的概念，即作爲雅
石的客觀物件必須具備三個基本條件：

　　其一，它本身是天然石，而非石製品或人
爲加工的產物；

　　其二，它具有一定的審美價值；

　　其三，它有可移動性，即體量相對較小，
可置於室內或几案上以供觀賞。

　　如不要求第一個條件，就有可能把建築石
材、石雕、石硯、石章等也統統搜羅進來；如
不要求第二個條件，則可能把隨便什麼樣的石
頭都歸入其中；如不要求第三個條件，則可能
把奇山異峰、庭院綴石等龐然大物也包括進
來。因此，爲當代東方賞石行爲的客觀物件統
一定名，就不能不考慮在概念上要求其與上述
三個基本條件相符合。

　　無論雅石有多少個不同的名稱，有多少條
件，有一點是相同的，它們的材料都應是石
頭，但構成雅石的概念的又不是普通的石頭。
雅石到底是什麼？在不同人眼中，雅石的概念
是不同的，雅石的觀念也是不同的。但個性中
有共性，也有一些基本的爲更多人認可的共同
概念。

沈泓藏石

具備三個基本條件的雅石（王世定藏）

沈泓藏石

第二章
雅石的歷史源流

回頭問雙石，能伴老夫否？
石雖不能言，許我爲三友。

——唐·白居易

　　中國自古有收藏雅石的傳統，中國也是東方賞石文化的發祥地。據史料記載，日本、韓國等東方國家的賞石文化的源頭在中國，是中國文化的傳播和延續。

　　一部雅石史，就是一部人類文明史。中國古代雅石收藏家收藏雅石，多以供石為主，這恐怕與當時的文化視野和未開發的自然資源有關。

　　雅石的歷史發展到現在，已到了凡有觀賞價值的石頭就有人收藏的地步。古代的名石英石、靈璧石、鐘乳石、斧劈刀、石筍石、太湖石、樹化石、黃蠟石、雞血石和雨花石等珍品自不待多說，現今諸如浮石、砂積石、孔雀石、泰山石、石印石、花崗石、珊瑚石、黃河石和三峽石等也已成雅石收藏家收藏的對象。

　　這是因為石頭自身具有的天然物象、內涵，使得不同的雅石鑑賞者結合各自不同的思維、審美角度和藝術造詣，可以品出不同的韻味，故而使石頭具有了不同的意趣和鑑賞價值。所以，一部雅石的歷史，也是人類審美觀不斷演進的歷史。

遠古時代就有石文化

　　以自然雅石為收藏鑑賞物件，中國歷史上有文字記載的至少可追溯到 3000 多年前的春秋時代。而石頭文化的歷史，卻可以追溯到遠古時代。雅石在遠古與玉石同源，中國賞石文化最初其實是賞玉文化的衍生與發展。《說文》中說：「玉，石之美者」，這是把玉歸為石之一類的明證。所以，在古代，雅石、怪石不僅受到文人的欣賞，還常常作為寶玉在歷代成為頗具地方特色的上貢物品。從石頭到雅石，一部賞石的歷史，就是人類收藏鑑賞不斷昇華的歷史。中和獻石楚王，米芾拜石為丈，淵明醉臥醒石，東坡以石言志；「石頭記」演繹《紅樓夢》，石頭縫裏炸出了孫悟空……在這裏，石頭不僅具有功利價值，更具有獨特的審美情趣和深奧的禪道哲理，既豐富了人類的精神，又提升了人類的情感。

藏燕石以為大寶：賞石文化的起源

　　筆者收藏到的最古老的石頭是新石器時期的石斧、石刀等，每每把玩這些遠古的石器，可以感受到古人在選擇石頭做工具的時候，其實就已經有收藏鑑賞意識了。

沈泓藏石

　　因為並不是所有的石頭都能做石斧的，只有當古人認為這塊石頭是美的、合適的、實用的時候，才會選擇它做石斧。而古人在判斷的時候，其實鑑賞就已經開始了──當時是原始的混沌的鑑賞；古人在選擇時候，其實收藏就已經開始了──當然不是像我們今天純精神的收藏，古人的收藏帶有為糧謀的實用性。而且任何時代的單純的收藏，都是先有物質才有精神，先要填飽肚子，然後才有收藏活動。

　　自從石頭被我們的祖先用作實用性收藏後，石頭就與人類生活息息相關。遠古人類從舊石器時代利用天然石塊為工具、當武器，到新石器時代的打製石器；從營巢穴居時期簡單地利用石頭為建築材料，到現代化豪華建築中大量應用的花崗岩、大理石等裝飾材料；從出土墓葬中死者的簡單石製飾物，到後來的精美石雕和石工藝品，各種石頭始終伴隨著人類。

　　繼實用性的石頭收藏之後，純精神性的雅石收藏開始了。雅石這一名稱是伴隨著文人雅士愛石、賞石、藏石而出現的。

　　早在春秋戰國時期，就出現了雅石收藏者。據當時的《尚書・禹貢》和後來《山海經》等史書記載，多次提到各地所產的種種雅石。《闔子》載：「宋之愚人，得燕石於梧台之東，歸而藏之，以為大寶，周客聞而現焉。」這裏所說的「愚人」，就是我們現在所稱的「癡人」（癡迷的收藏者）、「病夫」（愛好收藏猶如患病的人不可救藥）。

　　其實，遠在此前的商周時代作為賞石文化的先導和前奏──賞玉活動就已十分普及。據史料載：周武王伐紂時曾「得舊寶石萬四千，佩玉億有萬八。」儘管這些資料可能有些誇張，然而還是可以看到當年不僅已經有了收藏寶石、玉石的意識和行為，而且已經有了相當

沈泓藏石斧

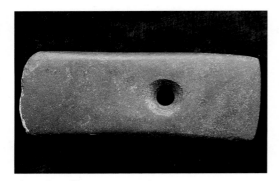

沈泓藏石斧

沈泓藏石

規模。而《山海經》和《軒轅黃帝傳》則進一步指出黃帝乃我國之「首用玉者」。由於玉產量太少又十分珍貴，故以「美石」代之自在情理之中。《尚書·禹貢》曾載：當時各地貢品中偶有青州「鉛松怪石」和徐州「泗濱浮磬」。

顯然，這些3000多年前的「怪石」和江邊「浮磬」都是作為賞玩之物被列為「貢品」的。這可能就是早期的石玩，即以天然雅石（非寶玉或石雕、石刻製品）為觀賞物件的可移動玩賞物。

較早影響中國賞石文化人的是孔子。孔子為何喜歡泰山？某種程度上就是喜歡泰山的奇石景觀。四書（《論語》《大學》《中庸》《孟子》）五經（《詩》《書》《禮》《易》《春秋》）影響中國的學術思想及賞石文化至今。

其次是老子對中國的賞石文化的影響。老子以虛無、自然、無國、無常，歸真返樸之說，寫了聞名的《道德經》，其「道法自然」的理念，影響了中國的賞石理念。古人認為的石之美者在於透，透就是虛空，其實源於老子的虛無思想。

莊子承老子之說，論形而上學和主客兩忘而「物化」的審美觀，也對中國賞石美學和藝術創作影響頗為深遠。

秦始皇35年建阿房宮於上林苑內，築園林造假山，是園林縮景藝術之始。

隨著社會經濟的進步，園圃（早期園林）的出現，賞石文化首先在造園實踐中得到了較大的發展。從秦漢時代的古籍、詩文所描述的情景中可以得知，秦始皇時建的「阿房宮」和其他一些行宮，以及漢代「上林苑」中，點綴的景石頗多。即使在戰亂不止的東漢、三國及魏晉南北朝時代，一些達官貴人的深宅大院和宮觀寺院都很注意置石造景、寄情物外。

東漢巨富、大將軍梁冀的「梁園」和東晉

顧辟疆的私人宅苑中都曾大量收羅奇峰怪石。南朝建康同泰寺前的三塊景石，還被賜以三品職銜，俗稱「三品石」。

南齊（西元 5 世紀後葉）文惠太子在建康造「玄圃」，其「樓、觀、塔、宇，多聚異石，妙極山水如畫」（《南齊‧文惠太子列傳》）。

1986 年 4 月，考古學家在山東臨朐發現北齊天保元年（西元 550 年）魏威烈將軍長史崔芬（字德茂，清河東武人）的墓葬，墓中壁畫多幅都有奇峰怪石。其一為描繪古墓主人的生活場面，內以庭中兩塊相對而立的景石為襯托，其石瘦削、鼓皺有致，並配以樹木，表現了很高的造園、綴石技巧。

這幅壁畫，比著名的唐朝武則天章懷太子墓中壁畫和閻立本名作《職貢圖》中所繪樹石、假山、盆景圖，又提早了 100 多年。可見，中國賞石文化早在西元 2 世紀中葉的東漢便開始在上層社會流行；到南朝（5、6 世紀），已達相當水準。

魏晉南北朝：雅石成為獨立欣賞對象

秦漢直至魏晉南北朝時期，有關雅石的記載還多局限於皇家宮苑和貴族園林。如秦始皇的阿房宮，西漢王朝的未央宮、上林苑，漢梁孝王的梁園等，都用了大量觀賞性雅石來加以點綴或堆砌假山。

魏文帝曹丕在武略之餘，也喜好以雅石裝飾宮殿。孫盛《魏春秋》介紹道：「黃初元年，文帝愈崇宮殿，雕飾觀閣，取白石英及紫石英，五色大石於太行谷城山。」

民間極少數富比王侯的豪家，也有用雅石裝飾園林的，《三輔黃圖》載：「茂陵富戶袁廣漢……於北邙山下築園。東西四里，南北五里，激流注其中，構石為山，高十餘丈，連綿數里。」

值得注意的是，到魏晉南北朝時期，雅石從園囿中構築假山的局限中脫穎而出，開始成為獨立欣賞的對象。雅石的收藏開始成為時尚。當時的文人士大夫崇尚清高和玄談，以苟全性命於亂世，形成放浪形骸、寄情山水的魏晉風度。在親近大自然的同時，雅石成了他們的精神寄託。

魏晉人詩酒風流，屬瀟灑一代，但畢竟還沒有更多的確鑿資料證明，其時或稍後的南北朝時期，收藏、鑑賞室內觀賞性雅石已形成風氣。《南齊書‧文惠太子傳》介紹，文惠太子開拓園囿的同時，還在「樓觀塔宇」中「多聚雅石，妙極山水。」但這只是個別的例子。

因此，在南北朝之前，我們所說的「雅石」收藏，還只能說是處於一個起步階段。比如，被後世文人尊奉為賞石祖師的東晉陶淵明，也不過擁有一塊「醒石」而已。

馬永新藏石

馬永新藏石

盛唐：親之如賢哲，愛之如兒孫

西元 6 世紀後期開始的隋唐時代，是中國歷史上繼秦漢之後又一個社會經濟文化比較繁榮昌盛的時期，也是中國賞石文化藝術昌盛發展的時期。

隋唐時代收藏雅石逐漸盛行起來，閻立本的《職貢圖》中描繪幾名番人將幾方玲瓏雅石或捎或捧，作為貢品。隋煬帝於西苑築五湖四海，湖中造蓬萊、方丈、瀛洲三山，是庭院縮景藝術的精緻典範。

西元 612 年，經百濟國傳至日本的中國產的「博山爐」，爐頂的「靈山石」是最初傳日的縮景造型物。

雅石收藏到唐代達到高潮，士大夫紛紛加入雅石收藏的行列。大詩人白居易在杭州做官離任時，什麼也沒有帶，只帶走了兩塊石頭。許多重要石種也是此時發掘出來，如著名的歙硯石、端硯石。

眾多的文人墨客積極參與搜求、賞玩天然雅石，除以形體較大而奇特者用於造園，點綴之外，又將「小而奇巧者」作為案頭清供，復以詩記之，以文頌之，從而使天然雅石的欣賞更具有濃厚的人文色彩。

這是隋唐賞石文化的一大特色，也開創了中國賞石文化的一個新時代。

曾先後在唐文宗李昂、武宗李炎手下擔任過宰相的牛僧孺和李德裕，是一對政壇死對頭，政見和性格截然不同，然而卻有一點相同——他們都是當時頗有影響的藏石家。唐代著名詩人白居易在《太湖石記》一文中記述了牛僧孺因「嗜石」而「爭奇聘怪」，以及「奇章公」家太湖石多不勝數，而牛氏對石則「待之如賓友，親之如賢哲，重之如寶玉，愛之如兒孫」的情形。

《太湖石記》是中國古代最早介紹雅石品級分等情況的文章，文章的最後介紹說：「石有大小，其數四等，以甲、乙、丙、丁品之，每品有上、中、下，各刻於石陰。曰：『牛氏石甲之上，乙之中，丙之下。』」

宋朝：雅石幾乎斷送大宋江山

宋代是中國古代賞石文化的鼎盛時代，北宋徽宗皇帝大力收藏和推薦「花石綱」，成為全國最大的藏石家。由於皇帝的倡導，達官貴族、紳商士子爭相效尤，上至宮廷豪門、文人墨客，下至尋常百姓皆玩石。於是朝野上下，搜求雅石以供賞

玩，一度成為宋代國人的時尚。

這一時期不僅出現了如米芾、蘇軾等賞石大家，而且司馬光、歐陽修、王安石、蘇舜欽等文壇、政界名流都成了當時頗有影響的收藏、品評、欣賞雅石的積極參與者。

以書畫兩絕而聞名於世的北宋米芾是 11 世紀中葉中國最有名的藏石、賞石大家。他不僅因愛石成癖、對石下拜而被國人稱為「米癲」，而且在相石方面還創立了一套理論，即長期為後世所沿用的「瘦、透、漏、皺」賞石理念四字訣。

其實當時癖石者甚眾，米芾只是其中之一罷了，「愛石而癖」絕非米氏所獨鍾者。

當時有位監察使叫楊傑的，「知米好石廢事，往正其癖」。但正當他老先生振振有詞地教訓米芾時，「米徑前以手於左袖中取一石，其狀嵌空玲瓏，峰巒洞穴皆具，色極清潤。米舉石宛轉翻復以示楊曰：『如此石安得不愛？』楊殊不顧，乃納之左袖。又出一石，疊峰層巒，奇巧更勝，楊亦不顧，又納之左袖。最後又出一石，盡天畫神鏤之巧；又顧楊曰：『如此石安得不愛？』楊忽曰：『非獨公愛，我亦愛也！』即就米手攫得徑登車去。」

這個故事十分生動有趣，也在一定程度上反映了米家雅石多小巧玲瓏、富於山水如畫的天然特色和當時上層社會愛石、藏石的濃厚風氣。

宋代賞石文化的最大特點是出現了許多賞石專著，如杜綰（字季陽）的《雲林石譜》、范成大的《太湖石志》、常懋的《宣和石譜》、漁陽公的《漁陽石譜》等。這些書中，杜綰於南宋紹興三年編著的《雲林石譜》（上、中、下三卷）是中國最早的賞石文獻。書中記載石品有 116 種之多，並各具生產之地、採取之法，又詳其形狀、色澤和品評優劣。《雲林石譜》的問世，影響了元、明、清賞石、藏石之風。

然而，由於宋徽宗趙佶收藏雅石，皇室和民間爭石，勞民傷財要各地進貢雅石，最終引起了農民起義，幾乎斷送了大宋江山。

王世定藏石

王世定藏石

元朝：人間奇物不易得

元代中國經濟、文化的發展均處低潮，賞石雅事當然也不例外。

大書畫家趙孟是當時賞石名家之一，曾與道士張秋泉有交情，對張所藏「水岱研山」一石十分傾倒。面對「千岩萬壑來几上，中有絕澗橫天河」的一塊拳頭大的雅石，他感歎「人間奇物不易得，一見大呼爭摩挲。米公平生好奇者，大書深刻無差訛。」

這一時期，在賞石理論上無大建樹。

明朝：藏石賞石的理論高峰

明清兩朝是中國古代賞石文化從恢復到大發展的全盛時期。

明曹昭的《新增格古要論·異石論》，張應文的《清秘藏·論異石》，尤其是萬曆年間

林有麟圖文並茂、長達四卷的專著《素園石譜》等，是明代賞石從實踐到理論逐漸成熟的標誌。

　　林有麟所著《素園石譜》和歷代其他石譜，基本代表了中國古代賞石風格的主流，形成了我國賞石文化的系統理論，而其中以景觀石居多。其中，林有麟《素園石譜》一書，是迄今傳世最早、篇幅最宏大的一本畫石譜錄（列名石種或名石 102 種類，計 249 幅大小石畫），也是石友們耳熟能詳的一部瞭解古代賞石概貌的重要歷史參考文獻。

　　林有麟，字仁甫，號衷齋，松江府華亭縣人，生於萬曆六年（1578 年），卒於清順治四年（1647 年）。因父蔭授南京通政司經歷，歷任南京都察院都事、太僕寺丞、刑部郎中等職。官至四川龍安府知府，頗得民望，人稱「林青天」。貴而能謙，富而好禮，有「翩翩佳公子」之譽。喜好品玩雅石字畫，博古通識。《素園石譜》一書，寫於其 35 歲時。其所居之素園故址在今松江鎮景德路 40 號機關幼稚園，清初曾為處州知府周茂源的私宅，道光年間歸山東道監察御史錢以同所有。1998 年 9 月，錢以同宅被公佈為松江區文物保護單位。該宅庭園深深，有五進建築，花廳有明代廳堂風格。園中有百年名木廣玉蘭、湖石、異峰等物。

　　林有麟不僅在《素園石譜》中繪圖詳細介紹了他「目所到即圖之」、「小巧足供娛玩」的雅石一百多品，還進一步提出：「石尤近於禪」、「莞爾不言，一洗人間肉飛絲雨境界」，從而把賞石意境從以自然景觀縮影和直觀形象美為主的高度，提升到了具有人生哲理、內涵更為豐富的哲學高度。這是中國古代賞石理論的一次飛躍。

　　《素園石譜》雖然是中國古代有關賞石的一部重要文獻圖典，但其內容亦有頗多錯訛，比如許多歷史名石的形象都是作者所臆測的，大多與現存的實物不符，典型如宋代蘇東坡的雪浪石、醉道士石，米芾的石丈等，其中絕大部分文字記載都是照搬照抄宋代杜綰的《雲林石譜》、趙希鵠的《洞天清錄》及明人有關筆記史料，而且均不注明出處，給後人釋讀帶來許多困難。

　　2001 年 11 月，在北京海王村拍賣公司舉辦的「中國書店 2001 年秋季書刊資料拍賣會」上，一本張學良收藏的《素園石譜》（係 1924 年上海美術工藝製版社刊印的線裝書，一函四冊），首冊扉頁鈐有朱文「孔祥熙」方印，右下方鈐有白文「定遠齋漢卿鳳至藏書之印」一方，每冊首頁均鈐有朱文「張氏家傳」白文「定遠齋主人」印，從 2000 元起價，最終以 4180 元被來自張學良故鄉的遼寧人買走。

清朝：蠟石價與玉等

　　據清朝一本《金玉·瑣碎》古籍中記載：「余在廣東，見蠟石價與玉等。」這句話正好與現在藏石界人士常常說的「黃金有價玉無價」相輝映。

　　清沈心（乾隆年間人，自號「孤石翁」）的《怪石錄》，陳元龍的《格致鏡原》，胡樸安的《雅石記》，梁九圖的《談石》，宋氏的《怪石贊》，高兆的《觀石錄》，毛奇齡的《後觀石錄》，成性的《選石記》，王氏的《石友贊》，諸九鼎的《石譜》和谷應泰的《博物要覽》等數十種賞石專著或專論，共同把中國傳統賞石文化推向了一個新的高峰。

　　長篇小說《石頭記》（即《紅樓夢》）的出現，北京圓明園、頤和園的建造，從一定意義上說，都是賞石文化在當時社會生活與造園實踐中的生動反映。僅以清代山東淄博地區賞

王世定藏蠟石

石文化活動，就可以看出清代賞石文化的興盛。

民國：豐年美石荒年穀

　　民國時期，廣東一些地方有「豐年美石荒年穀」之說，這說明了民國時期雅石收藏鑑賞的兩個方面，一個方面是在相對和平的時期收藏雅石的狂熱；另一個方面是在戰亂時期雅石收藏的極端冷落。

　　在戰爭中許多園林被敵機狂轟濫炸，兵匪搶劫，火燒滅跡，損失慘重。很多名石被外國侵略者搶去，至今仍然在國外博物館內。歷史名石引人注意，亂世爭奪更激烈，有的在爭奪中被破壞，有的埋入地下等待出土，有的私人秘藏不露，那些粗笨頑拙的石峰難以引起人們注意，反而成為歷史風雲的見證者。

　　也正因為是石頭，有些侵略者、土匪、流氓不識寶，在他們眼皮底下才能免遭劫難。也有的大塊園林石峰，他們無法搬運，也遺留下來了。

　　民國時期中國賞石文化的巨大收穫就是一些有關雅石的專著紛紛出版。近代中國的賞石專著以民國初年章鴻釗著的《石雅》、三四十年代王猩酋著的《雨花石小記》和張輪遠著的《萬石齋靈岩大理石譜》最為著名。民國寫石論石的作者還有很多，但章鴻釗、王猩酋、張輪遠三人的作品占了近三分之二。

　　章鴻釗（1877–1951年）地質學家，浙江吳興人，我國地質學創始人之一。1913年創辦

地質研究所，1916 年創辦地質調查所，地質學會發起人之一，首任會長。中年以後，著有《石雅》《石礦學》等書。

一部《石雅》有 372 頁，介紹 63 個石種，還有中國石器考。廣征博引，資料詳實，列出一石多名，是非常寶貴的文化遺產。而且章鴻釗的《石雅》首次應用了近代科學的一些觀點，對我國傳統賞石文化與西方賞石文化進行了一定程度的比較和分類論述。

王猩酋著的《雨花石子記》，1943 年刊印，他於 1897 年在天津羅羅漢家見半清半濁的雨花石以為怪。王說：「1915-1916 年間羅羅漢得石分饋七枚是為蓄雨花石子之濫觴。」後來又從張輪遠處得石數枚。

1939 年以後，寓居南京的張江裁不斷為王買石郵寄天津，王成為藏石、賞石名家。王的著作不僅論雨花石產地、質、形、色、紋、題名，還訂石三等九級，又談到石市，對後人影響很大。

張輪遠（1899-1986 年）河北雍陽人，和周總理是南開中學同學，北大法律系學生。從事審判工作。1948 年刊印《萬石齋靈岩大理石譜》後，劉雲孫在該書的跋中說：「遠之為人，介而通，韞而明，質而文，涅不緇而磨不磷，性與石近。」

張的著作中還附抄送關於大理石之記載。張受蘇東坡、米芾、林有麟的影響，以賞石發「胸中磊塊」「一洗人間肉飛絲語境界」，以此「遣有涯之生，人生貴適意耳，以石自適。」

靈岩石譜首先寫「癖石者心理」：適意而已，愛其瑰奇，仁者之意，尤物移人，中有禪意，學古高致，極遊遨之趣，尊為師友，畫中有詩，其中「自變不解」，實際講「石緣」。

張輪遠的《萬石齋靈岩大理石譜》雖然主要論述的對象只限於雨花石和大理石兩類石種，但其「靈岩石質論」「靈岩石形論」「靈岩石色論」「靈岩石文論」「靈岩石象形論」，以及其等次、品級劃分與理論，實為各類觀賞石種所普遍適用的原則，而且他做了系統的概括和應用，與今人論及天然雅石的四大觀賞要素「形、色、質、紋」一說有異曲同工之妙。總之，民國藏石賞石的不同時期呈現兩個極端，一端是異常繁華，一端是極端蕭條。所以民國年間保護和發展賞石文化和歷史上天下大亂時期相比有更複雜的因素，藏石和賞石也具有半封建半殖民地的特徵。

王世定藏雨花石

新中國：從冷落到興盛

解放後，由於一直在搞政治運動，收藏就是小資情調，是封建思想，故而雅石收藏受到批判。因為這些眾所周知的原因，賞石活動在國內曾長期受到冷落。直至20 世紀 80 年代，隨著改革開放和經濟發展，雅石收藏

王世定藏雨花石

才由於一批文人雅士如賈平凹等的收藏和研究撰文，逐漸興起。隨著人們物質文化生活水準的提高，賞石活動又逐步形成高潮，普及到尋常人家，影響到海內外。

雅石收藏熱表現在以下幾個方面：一是參與人數眾多，二是形成市場規模，三是拍賣競顯風流，四是出版了一批書報刊，五是價格不斷上升，六是協會如雨後春筍般湧現，七是雅石展覽多起來了，八是雅石館在各地創辦，等等。

追蹤溯源，可以發現歷史悠久的中華民族，採石起於遠古，賞石始於周商，藏石現於南北朝，興於唐宋，盛於明清，輝煌於當代。

沈泓藏石

沈泓藏石

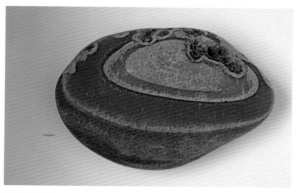

沈泓藏石

沈泓藏石

第三章
雅石的文化淵源

適意而已，愛其瑰奇。
仁者之意，尤物移人。
中有禪意，學古高致。

——民國·張輪遠

王世定藏石

王承祥藏黃河石

　　雅石文化是人類石文化現象中的一個重要分支，其基本內容是以天然石塊（而非石製品）為主要觀賞物件，以及為觀賞天然雅石而總結出來的一套理論、原則與方法。因此，其發展歷史要比廣義的石文化史要年輕得多。

　　雅石文化是中國傳統文化的重要組成部分，歷史悠久、源遠流長。從某種意義上說，一部浩如煙海的人類文明史，也就是一部漫長的由簡單到複雜、由低級到高級的石文化史。

透過京都看雅石文化的流變

　　石頭是人類面對險惡環境求生存、求發展的第一工具和武器，人類的發展與石頭結緣始於人猿揮別之時，一支不起眼的小群落發展成為今天有 50 多億之眾的龐然種族，憑藉的正是石頭。

石頭是歷史發展最科學的見證物，又是人類生活不可缺少的伴侶。追溯人類發展的歷史，北京是世界猿人最早的發祥地之一（周口店猿人），在這處發掘出了猿人生活所用的石器，進而說明了人類生存與石是密不可分的。

　　據《通史》記載，北京早已是溝通我國南北貿易的橋樑，蘊含著發展經濟及構成的政治、文化與經濟中心的天賜條件。

　　燕山造化之靈氣，為北京創造了發展上層建築的客觀物質基礎。從漢代開始，北京及周邊地域，勒石極為豐富，東漢時期的《漢闕》、房山境內的石徑山與雲居寺內房山石經，是中國乃至全世界最為珍貴罕見的勒石佛經代表。

　　明清兩朝（14世紀中葉以後）是中國古代雅石文化從恢復到大發展的全盛時期。在這數百年間，中國古典園林從實踐到理論已逐漸發展到成熟階段，也給北京園林建設奠定了基礎。具體而言，古人在北京留下的重要雅石有中山公園藏的「青蓮朵」、「青雲片」，頤和園藏的「青芝岫」（敗家石），故宮所藏「諸葛拜北斗」、「堆秀」，北海所藏的「崑崙石」，恭王府所藏的「獨樂峰」，先農壇所藏的「擷翠峰」等。

　　這些名石，在藝術內涵上，有的是取意以象徵，有的是取其情以寄懷，不同時代的鑑賞者，可以根據自己的感受，從中體悟自己所需之情趣。

　　其中，有的名石還隨主人捲入了政治風波，是歷史故事的見證。

　　以所謂「敗家石」為例，這一典故與明代大畫家米萬鍾相關。米萬鍾繼承了先輩賞石之基因，崇尚自然精神，對可觀之石倍加鍾愛，可稱是宋代大書畫家米芾之後的癡石第二人。

　　米萬鍾對北京周邊地域山川所產的可觀之石，是經過多方位的勘察而獲得的，「青芝

王世定藏石

岫」是以他獨到審美觀發現的。當他把「青芝岫」運至半路時，一個意外使他失去了它。

據後人分析，米萬鍾失去「青芝岫」的原因可能有兩方面。一是對當政的魏忠賢不知哪股香未燒到，二是米萬鍾對當政者不屈不諛，這種藝術家氣質很容易遭到誣陷。從當時米萬鍾的經濟實力分析，他當時擁有三座莊園，即「勺園」、「漫園」和「湛園」，是有能力把「青芝岫」運到其中某一個莊園，成為園中之最。有人認為，把此石稱「敗家石」是不科學的，因米萬鍾並非因石敗家，可列入「事件石」為宜。

當乾隆皇帝在郊區視察時，發現了路邊的「青芝岫」，為此乾隆下旨將其運到皇家園林「頤和園」。

「青芝岫」從文人的珍愛物到成為皇帝的瑰寶，被皇帝題名為「青芝岫」，可見它的藝術品位與價值。

京城名石，一旦成為帝王的寵物，就會昇華為最高的境界，成為國寶。「青蓮朵」為宋高宗與清朝乾隆兩朝帝王所鍾愛，是賞石界的奇中之奇。乾隆帝對京城名石均題有頌詩，是雅石的藝術魅力感染了他的心靈，也是賞石史上不可多見的篇章。這些名石總體藝術價值是廣義的，但在天子腳下，必然要閃耀著帝王之氣，皇權之威，為此也將構成這種特定的北京賞石風格和取向。

雅石文化也有一個地理決定論，不同地區的雅石有不同地區的風格。產自中國各地的名石，有特定的歷史人文內涵和風貌。著名的蘇州園林馳名中外，它以秀為基調，在一定的地理條件和一種清秀可人的小家碧玉似的藝術觀的指導下，充分利用藝術空間加以渲染，設計成「田園」形式，又巧以構建，形成玲瓏剔透、典雅精緻、樸拙相適、素彩為尚和石水相襯的獨特風格，如同一曲「絲竹樂章」沁人心脾。而北京園林與藏石，格調非同一般。天子腳步下的賞物，處處要顯示皇權之威。為此，京都雅石往往要隨環境而入流，多是以雄為主旋律，以氣勢磅礡、莊嚴渾樸、儀態凝重、意境深邃和高格典雅為宗旨。

從文學名著《石頭記》即《紅樓夢》中可發現，曹雪芹所創意「以石為寄情」的構思，充分運用石之「個性」的藝術思維形式，構成《石頭記》的主要基因，回溯其源仍在「石」。

歷史的滄桑多變使曹家由興至衰，藏石也隨之流失，現已無法調查與考證其更多的藏石。估計有的也是傳說之石，不能引證。但在參觀香山曹雪芹故居時，還可看到一件造形精美、色澤光潤、質韻渾樸的廣東英石，證實曹雪芹對可觀之石的憧憬。事實上，曹雪芹也是一位藏石與賞石家。

改革開放的大潮激蕩雅石文化隨之復蘇，北京的賞石藏石活動得到迅速發展。經過地質學家和雅石收藏家多年的發掘與查證歷史文獻，證明北京有著豐富的雅石資源。從早期大理石、北太湖石、印材石、工藝石，至近年新發掘的幾十類石種，賞石資源之豐富由此可觀。

其中具有典型代表性的是軒轅黃帝陵地域產的軒轅石，其造型獨具風貌，千姿百態，色澤凝重，格調高雅，意象萬千，為賞石中的名品。劉天明先生所藏《石魂》、薛立新先生所藏《樓蘭古韻》等珍品，曾在全國石展獲一等獎。而金海石、瑪瑙石、碧玉石等在國內、國際的不同展覽會上，也屬佼佼者。

透過京城雅石文化的歷史，可看到中國雅石文化流變之一斑。

雅石文化古今異同

今日的雅石收藏鑑賞的精神源於古人，然而，其形式又有許多不同。因此古今雅石文化有同也有異。

其不同之處首先是賞石對象，古代主要是以園林石為主，賞石藝術是附屬於園林藝術的一部分。古代的供石一直沒有像青銅器、陶瓷、書畫、古傢俱那樣，成為古玩家們賞玩、收藏的大項，一般只能劃入雜項類。

而今人玩石的觀念大不一樣了，今人大都把雅石搬入室內，放進廳堂，配上現代化的燈光，把雅石當作獨一無二的審美主體，與石對話，與石傾訴。凝視閃爍的燈光下雅石的形狀、質地、色彩、花紋，展開想像的翅膀……

正如一位雅石鑑賞家所說：「歷經億萬年磨難與折騰，經過火與水無數次的洗禮，一塊蒼茫的石頭如今猶如什麼苦難都沒有發生過的老者，默默地注視著你、遙望著你，好比知心的智者靜靜地勸慰你要面對世事萬變，要拋棄貪婪的心、要放掉浮躁的心、要鬆下手和心、要回復純真的心。」

雅石如智者，對一切都沉默淡泊，它像一位從地火裏逃生出來的高人與你交心，由此，生命的煩惱煙消雲散？當你諦聽了石頭智者的話語，你也從人間的煩擾裏走了出來。

今人鑑賞雅石是兩顆平和的心相近、相交、相知。深圳觀賞石協會會長王世定就曾說：「我經常晚上一個人面對石頭，可以靜靜地坐兩三個小時，把雅石當作知交，進行心靈的交流。」

這就是真正進入了古人所說的「天人合一」的境界。大自然的使者走進你的心靈，你也把心靈交給了大自然。

有人認為，今人玩石玩幽靜，更有境界。因為今日社會高速度快節奏，是商品競爭時代，今人煩惱更多，更渴望回歸大自然；因為今日社會很開放，今人心靈更自由。

而古人玩石者多為官僚文人，心靈再想自由，也會在沉重的封建帝王的威嚴和封建禮儀的桎梏下受到無形的束縛。

藏石家說：「更懂得賞石真諦的是今人而不是古人。或者說今人的賞石境界比古人更高，賞石內涵比古人更深，賞石對象比古人更廣泛。」

王世定藏石

雅石文化與禪

　　如今的雅石界有一個現象：很多雅石收藏家比較喜歡收藏外形像佛的「佛石」，恭恭敬敬供在廳堂，形式上不跪拜，心靈上已跪拜了。從賞石傳統上去理解，那些賞石家是受了「米芾拜石」傳說的浸潤；以現實生活狀況來講，今人更渴望祈求生命的平安。所以，在雅石收藏界，對雅石還有另一稱呼，稱為禪石。

　　禪，本是佛教禪僧的學問，原始的主要含義即「運用思維活動的修持方式」或「寧靜深思」。

　　在把禪義引入賞石的稱謂後，似乎就有了芥蒂，該不該稱禪石，什麼叫禪石，哪些石可稱禪石，這是賞石界一個經常性話題。

　　明代林有麟在《素園石譜》自序說：「家有先人敝廬，玄池石二拳，在逸堂左個，少時弦誦之暇，便居起之，每焚香靜對，肅然改容如見尊宿，已於素園辟玄池館，供禮石丈……」又說：「余嘗謂法書名畫，金石鼎彝皆足以令人自遠，而尤近於禪，生公點頭，箭機莫逆，而南宮（指米芾）九華謂可神遊其際，此老顛書縱橫千古或從此中悟入，雖然九州之外，復有九州五嶽一拳猶可芥納。」

　　禪重自悟，重創新，不為功利而求真。禪不能言，石不能言，可以意會而不可言傳。

　　石是簡單的表示，其欣賞訴諸直覺，透過美的追求而達到絕對的境界；禪是超越名相，超越智理，也是訴諸直觀，一句偈語，日常生活的視聽言動，皆是禪之契機。禪是一種高度的自覺，由此而來的內心平和，它有四句話：

沈泓藏石

教外別傳　不立文字
直指人心　見性成佛

禪，由唐盛起，宋代昇華，文人畫含禪畫，山水詩含蘊禪味。有禪畫禪詩，有「禪石」亦屬當然。觀石之無爭無妍，一樣生機活潑，「處處見謙光」。在日本京都之龍安寺石園（建於 1499 年），由 15 塊石頭排成五組禪石，四周皆白沙耙平，三面牆圍起，僅由寺中走廊觀石，空蕩中無一般園景之花開花謝，樹榮葉落，有人視為「視覺的公案」。

禪石鑑賞家指出：「近代很多對賞石很投入之賞石家，酣然安享生命的喜樂，怡然體悟賞石之機趣盎然與自然生機同流，發現生活情趣，也發現自我本性，從賞石找到自己。」

到底什麼是禪石？從鑑典到專論，均有所論，亦有所限，定義不一，有形圓色素說，有灰冷暗寂說，有無形無圖說，等等，大都強調能悟出禪義的雅石，方可稱為禪石。

從石市上的題名看，有的人把形似禪僧的石等同於禪石，有的人把禪石純當石名叫，有的人把自悟出禪義的石稱禪石。

從已出版書籍看，大多是把那些看似禪僧模樣的雅石，稱為禪石。有些對其進行了明確的細分，如上海古籍出版社的《新世紀中華雅石》圖冊，把禪石細分為神禪、心禪、廣狹、陰陽、隨緣、內靜、渾一等，但沒一件明顯形似禪僧模樣的雅石，而多是些圓形的、方形的、景觀圖案等不規則的雅石。從而讓人感到似乎什麼圖形的石都可能分成為禪石，也可能不會成為禪石。有人對其的評判是：「玄虛！」

一塊雅石，由於它是天工的造物，往往透逸出很多不確定的自然的朦朧資訊。同時，觀賞者不同的知識閱歷和靈感喜好，存在不同的主觀認識對同一事物往往會出現不同的感知。禪石的欣賞歷程是收藏家先獲得喜愛的雅石，然後在欣賞把玩中，滿足了心靈，而使之心靈昇華。

這種過程是修持，人修持到某一種境界，人生的境界就開朗到某一程度。如果從賞石中悟道，那才是賞石的至高境界。悟了道，什麼都空掉，也什麼都歡喜，才瞭解了道體的「空性」而達於「禪」。

不論山水石、紋樣石、象形石、抽象石等，收藏者在選石、賞石、供石的過程中，對人、世、物有所開悟，就可以把這塊令人開悟的雅石稱為「禪石」。

有收藏家認為，禪石不應只限是極圓、極方的雅石，應

沈泓藏石

沈泓藏石

沈泓藏石

取名為「幾何石」。

面對同一塊雅石，不同的人易產生不同的主觀想像，形成不同的主題。因此賞石題名的結果是多樣的，對於禪石引申感悟的原本就趨虛化的禪義悟石更是如此。

因此，行家指出：根據文化觀賞性需要，禪石的題名，既要從個人感受出發，又要從方便他人賞析出發。如果把那些自悟禪義的雅石簡單地題為《禪石》，那麼無論蘊含作者多少的禪機頓悟，圓明妙覺，一般只能自己受用，別人是費解的。如能根據雅石意象，酌定一個令人禪義明澈的題名最好。

名帶禪字不等於就是禪石。標禪石的人不一定是留心領悟禪義後題名，從此可見，禪石題名的界限並非十分清楚。但大抵可見：一是主要以外形定名；二是主要以心境擬名。

禪石應是圖形虛寂，蘊含禪義的認知取向或哲理，被賞石者感悟認可的天然雅石。

柳州收藏鑑賞家沉落說：「既要談禪石，如果不先瞭解什麼是禪，石也就無從談起了。但這裏卻有個兩難選擇。按佛門教義，禪是不能談的，因為禪是一種極高層次的境界，與邏輯思維、語言文學不在同一層面上。」

所謂「言語道斷，心行路絕」「妙高頂上，不可言傳」。

禪不立文，勝於文，禪追求靜觀自得，方能創新。在品石中求悟，悟有深有淺，有小悟也有大徹大悟，全靠品石人自己。

好在禪還有個「第二峰頭，略容話會。」至於「妙高頂上」，只能靠收藏者個人去參悟了。

先看禪的緣起。佛祖在靈山會上登座，一言不發，拈起一朵蓮花向僧眾展示，百萬僧眾，無人能解，唯有大迦葉尊者微微一笑，佛祖當下就說：「我有正法眼藏，溫馨妙心，實相無相，微妙法門，會屬摩訶迦葉。」

由此可知，禪是心心相印的產物，全在那會心一笑之中。佛祖又說：「我說法四十九年，沒說到一個字。」就這樣，禪由西方二十八祖達摩傳至中國，經五代傳到六祖惠能，禪成了生命之學，同時形成了中國最具生命力的佛教主流——禪宗。

再看歷代禪宗大師是怎樣談禪的。

達摩老祖說：「外絕諸緣，人心無喘。」

《俱舍論》卷二：「依何義故立禪名？由此寂靜以審慮

故，審慮即實了知義。」

《瑜伽師地談》卷三三：「繫念寂靜，正審思慮，故名禪。」

此外，從禪學的意譯來看，「思維修」、「靜慮」、「棄惡」、「功德叢林」、「禪言」等，都是指心注一境，超然象外，深入思慮義理，直參內徵的一種不可言說的境界，是一種由參到悟的思維、修持、觀照、內徵的心路歷程。尤其強調一切具象物形均與禪無涉。

經過上述的「略容話會」，我們應當知道，那些把形似羅漢佛像的石頭當作禪石是何等可笑了。

那麼，什麼樣的觀賞石可以稱為禪石呢？六祖的大弟子青原禪師說：「未參禪時，看山是山，看水是水。參禪時，看山不是山，看水不是水。」

沈泓藏石

如果你是個有根器的人，只要把句中的山水換成石頭，參後的石頭就具備了意蘊禪機，也就是有了生命。你在揣摸、參詳它的同時，它也在揣摸、參詳你，互為觀照。

此時，它的外在形狀已從你的視覺中消失，而你在心注一境，物我二忘中，只有一絲空靈，朗徹心胸的微妙圓覺。它已不是石頭了。

李白詩云「相看兩不厭，唯有敬亭山。」即此境界。當你徹悟之後，求得內徵義量，石因你而具有人天貫一的心性，你依石而獲得人格氣道的昇華。此時，石頭已成了禪的載體，又還原為石頭了。但這還會是未參前的石頭麼？

雅石文化前景迷人

有人提出，雅石沒有像青銅器、陶瓷、書畫等成為古玩圈裏一個大項，這是因為雅石本質上是屬於大自然創造出來的天然藝術品，所以，可玩的雅石可統稱為石玩，它與古玩是兩個不同類種的獨立的審美系統。

古人的石玩也不能被包含在古玩之內，今人的石玩也不能被包含在今玩之內。總之，天然的藝術品與人為的藝術品相比，前者審美趣味更濃，境界更高，更讓人有悠遠的想像空間，更讓人震撼大自然的宏大與悠遠。這一觀點雖然有自珍傾向，然而，還是有一定道理的。

當前，雖然觀賞石的文化活動遠遠繁榮過古代任何一個時期，觀賞石作為獨立的審美體系、玩賞類型逐漸走入千家萬戶，中國當代雅石文化也已逐漸走入鼎盛期。但雅石鑑賞家梁志偉認為，目前還不能判定為中國雅石文化鼎盛期。

其一，目前中國還沒有一個權威的標誌鼎盛期的賞石組織。即還沒有一個具有廣泛群眾基礎的全國性觀賞石權威組

沈泓藏石

織，指導協調各地觀賞石協會的活動。

其二，在新舊雅石文化交替時期，沒有形成系統的主流理論體系。

新舊雅石文化的交替，使得一批老賞石家觀念陳舊，明顯落伍，新一代賞石家又由於文化底蘊不足，心靈浮躁，新的雅石文化沒有形成，新舊雅石文化嚴重衝撞。

其三，本土賞石觀念大大制約了雅石產地的賞石家對各地新發現石種的認同。

這種占山為「王」的狹隘思維定勢，大大影響賞石理論研究的發展與開拓。所以嚴格地說，當代是中國雅石文化繁榮期中的衝撞期。

中國賞石新文化只有在繼承而並非拋棄傳統雅石文化的精華後，同時吸收日、韓及歐美賞石界的賞石理念，才能最終形成自己系統的理論體系，中國雅石文化才會最終進入鼎盛期。梁志偉預測，這個過程，至少需 5 至 10 年。

此外，當代中國已進入市場經濟，等到各地的雅石市場進入規範的正道，最後再在全國範圍內形成眾多的拍賣市場，讓雅石與古玩字畫一樣，有規模地走上拍賣台，讓既有賞石修養又有財力的賞石者到市場上來競拍，這也許才是中國雅石文化的黃金時代，即真正的鼎盛期。雅石文化的發展尚有很大空間，雅石文化前景迷人。

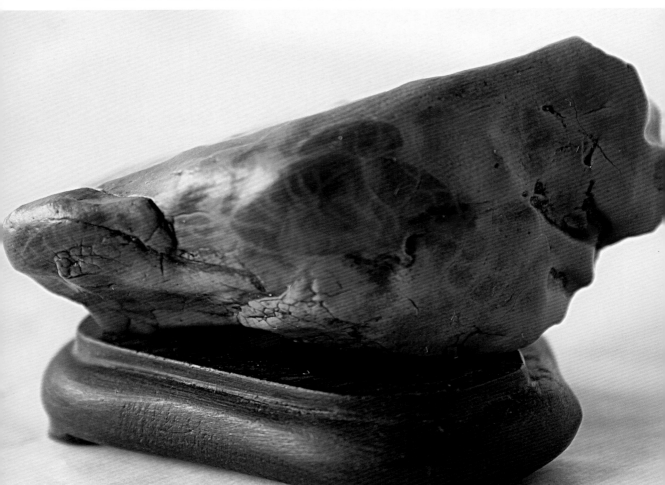

沈泓藏石

第四章
中外雅石文化異同

相看兩不厭，唯有敬亭山。

——唐·李白

王世定藏石

　　雅石文化的源頭在中國。千百年來，國人的愛石、搜石、藏石、品石之風源遠流長，形成了一種傳統的雅石文化，並進而影響到海外諸國家和地區。

　　時至今日，雅石收藏漸成國際潮流。

　　據統計，全世界至少有 2000 萬天然雅石愛好者，並成立了國際愛石協會、國際自然藝術石愛好者協會等國際性賞石團體。

　　古今一切利用石頭的行為及其理論，構成了石文化的基本內容。從這個意義上說，石文化現象不分古今、中外，是全人類所共有的。

東方雅石文化的傳播滲透

　　東方各國的雅石文化多源於中國的賞石傳統。近幾十年來一直走在世界雅石文化前列的日本賞石家認為，玩石頭的人是最有品位的人，最有境界的人，此言與中國賞石家觀點吻合，這說明了東方雅石文化的同根交融，也說出了雅石文化的精髓。

　　從雅石的名稱可以看出東方各國雅石文化的異同。雅石在我國古代叫雅石、石玩、供石，也有人叫怪石、美石、珍石、觀賞石等。現在以稱為雅石或觀賞石為主。在臺灣、港澳多稱雅石。但雅石在其他國家、地區有不同的名稱，東南亞等國多稱雅石，南韓稱壽石，日本稱觀賞石、自然石或水石。

　　各國雅石的命名不同，陳列方式不同，但其宗旨是基本一致的，即對自然和內在美的熱愛。

　　東方雅石收藏家都認為，儘管雅石質地堅硬，年代古老，但石頭的這種形態賦予了它們價值，使它們有一種感人的溫柔。透過與石交流，可以體驗到它們的靈魂之美。

　　大體各國雅石收藏家深深地喜愛石頭，是因為石頭的多樣性使每一個喜愛它的人都能如願以償。那象形的文字、朦朧的圖案、奇特的形狀、不凡的結構給人以美感和歷史感，並使想像力得以延伸。在對雅石欣賞的共同的視角中，東方的雅石文化就這樣在靜默中走向融合。

日本雅石文化

　　日本雅石收藏家稱，賞石藝術約在 1500 年前起源於中國，從西元 618 年到 907 年，介於唐宋之間。

　　他們認為，盆景藝術大約也在這段時間起源。與盆景藝術相伴出現的是「水石」，即一種由於水的侵蝕而形成的石頭，在日本和南韓，這種珍貴的大自然的傑作，由於能夠從微觀角度展現宇宙之美而被奉為一種藝術形式。

　　這種藝術形式在亞洲傳播開來，約在 1205 年傳到了北韓和日本，受到那些喜愛音樂、水彩畫尤其是書法和詩歌的學者們的認同，當時，賞石藝術受到了道教和禪宗哲學的巨大影響。由於中國畫的傳統是捕捉自然美好山川風光的神韻，以簡單的毛筆筆觸營造出超然物外的寓意，因此賞石藝術就激發了另一種層次的感知力。

沈泓藏日本火山石

沈泓藏日本火山石

隨著這種傳統進一步傳到亞洲各個國家，賞石藝術同各個國家的地理、文化、傳統相結合就產生了微妙的變化。中國賞石藝術趨於取自河溪或挖自地下具有複雜直立構造的石，它們呈現一種相對近距離的鮮明的山岳景觀，觀賞者被它們的美深深打動，心馳神往，彷彿進入仙山聖界的純淨氛圍之中。

古代中國將雅石稱為供石的時候，日本稱水石，南韓稱壽石。如今國際賞石界也有人提出「自然石」等名稱。上海的雅石收藏家認為，不管國際賞石界如何統一名稱，日本人是不會改變他們「水石」的名稱的，南韓人也是不會改變他們「壽石」的名稱的。

仔細研究日本人稱的「水石」，發人深思。日本是一個島國，他們的國土本身就像一塊浮在海面的「大水石」。他們玩石頭主要是玩水裏的石頭，他們供石頭一般均供在沙盤、水盤上。每天往石頭上澆水，觀察、欣賞石頭遇到水從濕到乾的變化過程。

實際上，石頭與水是最親近的，石頭有了水就有了靈性，賞石與水是不可分離的。水石水石，一個「水」字，能激發起收藏鑑賞者對石的柔情、親情、深情……這是真正的回歸大自然、享受回歸大自然的那種心境。

在日本，由於火山風景眾多，因此賞石更多地表現為一種均衡與平靜的沉睡狀態，由於世人崇敬的富士山以優雅著稱，因此形式完美的遠距離觀賞石最為普遍，而且還增添了反映季節的特性。

對於一塊狀如富士山的象形石，白色穀粒代表白雪，不同的燈光和顏色寓意秋天或夏天，或者一天的不同時刻，這種千百年來同自然力抗爭而形成的均衡和韻律具有極高價值，這些石頭在房間裏默默地展示。

賞石儀式本身就同日本茶道儀式一樣充滿了精緻和微妙。

日本未受外侵，眾多雅石藏於各地美術館及為寺院鎮寶。

中國除置於公園之名石外，室內之雅石，留存於世的除民間收藏外，尚未當作文化財富來保存珍藏。石文化歷經千年，在廣闊之國土出現神通之品有幾稀？誠如宋徽宗歎曰：「真天造地設，神謀化力，非人所能者。」

南韓和北韓的雅石文化

南韓和北韓自古就有收藏雅石的傳統，如今南韓的「南農紀念館」及一些民間雅石館，收藏有大量雅石。

南韓歷史約 5 千年，南韓人收藏鑑賞雅石的歷史也較長，儘管至今較少發現古代傳承下來的雅石，但古時書中多少有些關於石的記載。南韓凡是懂行的人都收藏石頭，據有人粗略統計，全國有十分之三的人喜歡藏石。

南韓人將雅石稱為「壽石」，其玩石也有獨到的見解，對普通意義的觀賞石，他們認為不一定是自然的，可以人為加工。但真正「壽石」的概念卻是：不

馬永新藏石

管石頭的質地如何，只要是天然的，並能反映某種含義，能品味一定意思的石頭。

　　一個「壽」字，令人感慨：石頭是這個世界上最長壽的，一個人如想長壽，一要學習石頭的品格，二要長久修煉自己的性情。活著時與雅石相伴，死了後把靈魂依附在雅石上，這才是真正的玩石精神。

　　南韓人玩石頭也像日本人一樣，大都供在水盤或沙盤上。

　　南韓人把石頭分為七大類：山水景石，形象石，色彩石，抽象石，傳來石，珍奇（貴）石，造型石。

　　其中，造型石在中國較為陌生，它是指把兩塊石頭重疊、石頭加上花紋、石頭加上顏色的雅石。

　　這在中國雅石收藏家中是被拒絕的，中國雅石收藏家以雅石的自然形狀為寶。憑自己的想像，把石頭模樣加以修正。

　　北韓的雅石文化和南韓同源，賞石時也是將雅石放在盛沙的陶盤或青銅盤中，既能在石頭周圍產生一種氛圍，又能夠讓石頭吸收在觀賞前灑在其上的水分。

　　北韓雅石收藏家認為，賞石最高雅的享受是體驗石頭在乾燥過程中發生的變化，石的顏色微妙地從深色變為淺色，如同黎明時大地的變化一樣。等待捕捉這些少有的寶貴時光要有耐心，它是一種在賞石藝術中必須具備的修養，在這些時刻，觀賞者被領入了一種絕對平靜的心靈狀態之中。

南韓的雅石鑑賞標準

　　南韓的雅石鑑賞標準與中國同源，然而有它自身特點。南韓玩石之人對壽石更加寵愛，研究者也較多，因此具有對壽石的獨到評價，壽石所具備的一些條件及構成壽石美的幾大因素，他們都研究得挺透。

　　南韓人認為，壽石美應該具備三大種條件：一是從小小的壽石可以聯想到大的景觀；二

王世定藏石

沈泓藏石

王世定藏石　　　　　　　　　　　沈泓藏石

第五章
雅石的審美價值

山無石不奇，水無石不清，
園無石不秀，室無石不雅。

——清·李漁

作為審美欣賞、藝術鑑賞及收藏的物件，雅石是大自然賜給人類的珍貴藝術品，越來越受到收藏愛好者的青睞。

雅石，是指不事雕琢，具有自然美感的石頭。包括奇特的化石、礦物晶體和岩石等。雅石的美展現在它所具有的獨特的形態、色澤、質地、紋理。因此，雅石具有觀賞、收藏和審美價值。

古人云：「山無石不奇，水無石不清，園無石不秀，室無石不雅。賞石清心，賞石怡人，賞石益智，賞石陶情，賞石長壽。」

觀賞雅石，要從瘦、漏、透、皺、清、醜、頑、拙、奇、秀、險、幽等美學角度觀賞，同時也要從質、形、色、紋、勢等材質方面去把握雅石之美。

雅石的審美標準是雙重的。一方面，雅石有共同的審美標準；同時，不同的雅石有不同的審美標準。我們講述的主要是雅石共同的審美標準。

美是雅石的靈魂，雅石的審美價值表現為藝術美、抽象美、色彩美、形態美、神韻美、氣質美、朦朧美、裝飾美等多個方面。

藝術美

雅石是一種藝術品，與書畫和工藝的藝術品不同，後者是人工的創造，而雅石是自然的創造。但兩者也有很多相同之處，它們都能給欣賞者帶來藝術的美，帶來喜悅、溫馨、激動、平靜或有所啟示的感覺。

審美經驗除了向書本和老師學習，很多是向大自然學習來的。由於每個人審美經驗不同，評斷一件藝術品，不管是自然界的作品或是人類的創作，會有不同的藝術感覺。

臺灣雲林縣雅石協會常務理事涂重彤專門為此舉出一些例子，表示審美經驗是每一個人多少都會有，

王世定藏石

只不過依個人的敏感度不同而有所差異。

——在冬季裏，我們看到屋外的陽光灑了一地，雖然陽光沒有直接曬在我們身上，但是我們仍然有溫馨的感覺。

——假若我們參觀過現代雕塑品，我們可以知道雕塑作品所用的線條大多是簡單的、明快的、圓融的，而這些線條的特性也是我們喜歡的。

——假若我們參觀了許多較原始民族的藝術品，我們也可以感覺到他們藝術品創作的源泉往往來自於宗教祭祀、狩獵或是性。

——假若我們曾遊歷了富士山、桂林山水、黃山、雁蕩山或美國的大峽谷，我們會知道何謂山勢的秀美及雄偉了。

——假如我們撿到海生化石，這些化石的年代在五百萬年到一千萬年，如果計較起年歲來，則可明白「人生苦短若蜉蝣」。

杜威說：「經驗是人為了生存而與其大環境發生適應的互動行為而產生出來的結果。」這裏所謂「適應」是指被動的調整，或是主動的改造。所稱「大環境」也就是指「自然」，而所謂「自然」就是「人類與所有環境（不論是自然環境或是人文環境）互動行為的整體」。

我們常常以一首優美的詩，一幅多維的畫，一段無聲的音樂，來比喻賞石藝術。是的，每塊石頭本身就是一個世界，在它有限的表面之下給人無限的藝術美感和啟迪。由賞石藝術我們往往對上天所創造的藝術美產生一種崇敬之情。

在大千世界諸多收藏中，雅石收藏恐怕是最具獨特魅力的。大自然不會造就相同的兩塊雅石，一經發現，便獨一無二，有無與倫比的收藏和審美價值。

確實，一塊富有藝術氣息的佳石，是無言的詩、不朽的畫，是無聲的歌、不歇的舞。那一枚枚靈秀神奇的雅石，無不是大自然的神來之筆，這些天然藝術品散逸著天地的神秘和靈氣，贏得人們的無限愛戀。

玩賞雅石是一種藝術，俗話說：「園無石不秀，室無石不雅」，雅石文化是一種發現的藝術，也是一種心境藝術。雅石同樣具備有一般藝術品的創作性和可欣賞性兩方面。考察雅石的藝術價值，可以從以下幾個方面考察。

一是雅石藝術的創作體現雅石的審美價值。

雅石藝術的創作包括野外的撿拾、雅石店內的採購、台座的搭配或室內擺設及裝潢等。這些創作都需要創作者對其所處理的題材與媒介材料具有高度的認知與敏感，而且也深

王世定藏石

沈泓藏石

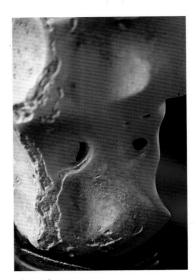

沈泓藏石

深地喜歡作品的表現方式。這種認知、敏感及喜歡作品的表現方式，完全基於創作者過去累積的審美經驗，也就是其創作品往往都仿效一個完整的審美經驗與模式，使之更強烈與集中地被感覺到。由此也可以說明所謂的「創作靈感」，就是過去的經驗被現在的情境引起新的情感擾動與表現的衝動，由某種媒介將之具體地表現出來。在創作一件作品時，創作者是以自己的審美經驗和藝術感覺來創作的，他往往經過多次的修改與反思，然後才能逐漸使作品達到滿意的程度。而這種修正與思考的過程，也是審美的過程。

二是雅石藝術的欣賞體現雅石的審美價值。

欣賞者首先是被動地以表演者（不論是大自然或是凡人）所演出的方式來欣賞其作品，但是欣賞者絕非只是靜靜地被動接受，他必須依照其心中審美經驗和興趣的指導來選擇或重新組織該作品所表現的內容。所以雅石藝術的欣賞應該是「全神貫注」的，而且不帶有其他實用目的，沒有任何經濟或政治的考慮。在賞石界裏，常常聽見「人石對話」，繼而與石作情感交流，這是審美過程中的一種「移情作用」。

雖然常言「藝術無價」，但是雅石成為商品在市場上交易卻是事實存在的，而且是普遍的。雅石能夠上市場交易，是因為它和書畫藝術品一樣，具有一定的藝術價值。

我們在採集或購買雅石時，應注意滿足感的持久性，不要因一時的喜愛而收藏大量藝術價值低的雅石，而應該以藝術價值作為審美標準來考慮雅石的收藏。

雅石藝術的審美評價有主觀因素，也有客觀因素。對同樣一塊雅石的市場交易價格的「認定」，往往十個買者就有十種認定價格。這表示人們在審美判斷方面的差異是明顯的，也是事實存在的。我們也不可因為這個事實就認定雅石藝術的審美評價是完全主觀的。

雅石的美是具體的、是事實存在的，一塊雅石的藝術價值如何，要考慮雅石帶給人們內心的主觀感受。人類先天感官的構造都是大同小異的，能令人產生美感的雅石都具有某些共通性。由於有這些共通性，所以雅石表相的審美是客觀的，這種客觀性決定了市場上雅石交易的價格。

在主觀上，雅石能激發人類潛意識的審美感受，是抽象的、無形的、不受限制的，在任何時空或任何學術領域，這種美的激發對不同人產生內心的感悟有顯著的差異。

在雅石的審美價值中，雅石的藝術性十分重要，同時又是最難說清的問題。

色彩美

收藏雅石，首先映入人們視野的是那絢麗多姿的色彩。如一塊雨花石，赤、橙、黃、綠、青、藍、紫七色俱全，令人見之生愛意。

從五彩繽紛的南京六合雨花石，潔白似玉的東海水晶，到晶瑩剔透的睛隆螢石晶簇，烏黑亮錚的個舊錫石；從血紅閃亮的貴州辰砂晶簇，到具有天然雙影效應的廣西樂業冰洲石群，雅石美在哪裏？首先美在色彩。

一方卵石，若明若暗的彩色紋路，活脫脫地勾勒出遠山近水的倩影或栩栩如生的人物及動物形象，就像一幅多姿多彩的天然畫。

雅石的色彩配合得好，如錦上添花，會大大增加石品的觀賞價值。色彩如果不能與石形、圖案配合得當，有色不如無色。在畫家的眼中，色分單色、複色、基色和配色等，然而在雅石收藏家眼中，色彩應是「巧色」或「俏色」，在石上搭配得恰到好處。

有些石種，像臘石和晶石，若有純潔豔麗的色彩，則更能使石品增輝耀眼，美不勝收。這些色彩組成的畫面有些甚至連大書畫家也為之傾倒。所以，很多書法家和畫家都是雅石收藏家，他們能從雅石的色彩中獲得靈感。

　　色彩被認為是評價雅石品質的重要標誌之一。

形狀美

　　雅石的形狀不應有任何人工修飾雕琢，越是天然的形狀，審美價值越高。著名美學家王朝聞在《石道因緣》一書裏談到：

　　「賞石活動是一種高尚的精神享受，不應只看作是消遣性的精神活動；藝術家創造美大有難處，賞石者發現美也不容易；賞石家雖不能像藝術家那樣創造美，卻有可能從自然石頭中發現美。」

　　為何太湖石、靈璧石等雅石被古人奉為至寶？就是因為它們有美感，這美感首先體現在形狀的美感，它們彙集漏、瘦、透、皺、醜、秀、奇、險、幽為一體，如天公巧琢，精美無比。它們的形狀美是古人發現的。

　　我們常常有欣賞雅石的機會，比如在旅途中，我們在看到名山大川並為之驚歎時，其實就已經不自覺開始了雅石的欣賞。雖然這些大山並不是雅石，但雅石因它們而存在，雅石是

王世定藏石

它們的濃縮品種，而名山是雅石的外延。

　　人類欣賞和收藏雅石很可能是從欣賞名山開始的，因為不能把大山搬到家裏，所以把濃縮大山精華的雅石搬進了家裏。那麼雅石最初吸引我們的是什麼？是它的形狀。至於其他方面的審美，則是形狀之後才開始的。

　　比如，我們看到湖南武陵源由砂岩構成「天下第一奇山」，氣勢雄偉，群峰壁立，似擴大的盆景，如縮小的仙境。

　　雲南路南石林由碳酸鹽岩岩溶地貌組成奇峰異石，千姿百態，石簇擎天。

　　山東泰山巍峨挺拔，為五嶽之首，花崗岩、變質岩組成了它的基體。

　　安徽黃山花崗岩體雄偉秀麗，峰巒奇妙，景色萬千。

　　四川九寨溝碳酸鹽溝谷縱橫，潔白如玉。

　　石頭的形狀構築了桂林山水甲天下的靈氣，石的形狀裝點了蘇州園林的秀麗。

　　趙孟詠「小岱岳」詩：「泰山亦一拳石多，勢雄齊魯青巍峨。此日卻是小岱岳，峰巒無數生陂陀。」

　　我們收藏的雅石雖小，但小中見大山，讓人感受到以小觀大、以大縮小之視覺享受，對雅石之一峰，認為是「一峰則太華千尋」，雅石上之一勺則視為「一勺則江湖萬里」。它可以陶冶情操，豐富人們的文化藝術情趣，把大自然的美融進了人們的心田。

　　雅石具體可細分為景觀石、象形石、抽象石、紋理石、圖案石、文字石、色彩石、紀念

沈泓藏石

沈泓攝

王世定藏石

沈泓藏石

石、文房石、假山石、盆景石、卵石、礦物晶體、晶簇、晶洞、結核石、鮞狀石、豆狀石、腎狀石、鐘乳狀石，經歷了高溫熔融形狀各異的天外來客——隕石，各地質時代岩層中保存完整的各種動物、植物、藻類化石，還有在特定條件下形成的各種人體、動物結石，江、河、湖、海中由文石、矽質、磷質、礦物構成色澤艷麗的珠、螺、蚌、珊瑚。無論何種石頭，首先都是因為它的形狀，才讓我們把它納入雅石的。

在人們的藏品中，最常見的人物形象石、飛禽走獸石、花鳥蟲魚石等都屬於造型石，它的上品應是形象完整逼真，線條明晰流暢，石質純淨。而像雨花石、大理石、三峽石、菊花石等，表面呈現出山水、人物、花鳥、文字等圖像，則屬於紋理石，儘管它的形狀可能很中庸，但其圖案清晰、色澤天成、蘊意深刻、對比度強。有時候，越奇越醜的形狀越富有美感。

美學家已經充分認識到雅石的美學，這就要求雅石收藏者以美學標準區別「一般石品」和「精品」，能夠正確認識雅石的藝術價值、美學價值，進而才能認識其經濟價值和收藏價值，同時使觀賞者感到她的存在——即受到自然藝術享受和美的感悟。

那麼，雅石形狀的美學標準是什麼？

米芾曾經提出了品賞太湖石的四字標準——瘦、皺、漏、透。

很多當代雅石收藏家認為，米芾雖然著名，但他那幾個字如今顯然已經不夠用了。他們中一些人提出雅石的美學標準應該是「質、形、色、紋」。而四川的雅石收藏家李奇認為「質、形、色、紋」只是鑑別和品評石玩優劣的工作平臺，是確立石玩標準的邏輯層面，而不是標準本身。假若把質、形、色、紋作為雅石的標準，那麼必須解決的問題就是：什麼樣的具有質、形、色、紋特點的石頭才是合於標準的呢？

20世紀90年代初的時候，湖北宜昌的姜祚正先生提出了欣賞三峽雅石應抓住「堅、鮮、全、顛」這四個審美標準。當時正是上海舉辦首屆中國名人名家藏石展的時候，可惜的是，姜祚正把他提出的這四字標準，限定在了欣賞三峽雅石的範圍。

關於堅，姜祚正的文中說是指雅石的硬度。以此為標準，雅石的硬度應該趨向於高為優，無疑，這是放在雅石的質的層面上分析的。

關於形，姜祚正說的全、顛應在這個層面，全是指雅石的完整性。以顛字品評雅石，是一個很高的標準，在主觀和客觀方面，都提出了很高的要求。只有在勢的邏輯層面上，才能品出雅石的顛味來。雅石的勢是什麼呢？它是與質、形、色、紋並列的確立雅石標準的一個工作平臺和邏輯層面。《中國花卉盆景》1997年第1期刊登了一篇題名《雅石標準及其確立的邏輯層面》的文章，提出了「勢」的概念。勢也是一個與顛一樣有著深邃含義和豐富內容的概念。

關於色，有人提出可以概括為一個「鮮」字，有人提出對不同雅石要有所分別，而不同石種也有不同色的要求。

雅石的紋，也是內涵豐富的層面，與形有兄弟姐妹般的關係。於是，《雅石標準及其確立的邏輯層面》概括性地提出了「奇、巧、怪、美、韻（靈）」的雅石美學標準。有人提出，其中每一個字都仍有深挖的價值和必要，特別是韻字，大有文章可做。

鑑賞家們普遍認為，人們在長期玩石中積累了「瘦、漏、透、奇、皺、醜」六字訣，是雅石審美價值的核心。六字訣其意謂：石峭清奇、紋理華麗、秀漏靈動、自然樸真、醜而不陋，這類有審美價值的石頭就有觀賞和收藏價值。

其中，形狀是鑑評各類雅石最為重要的一條，不具備可觀賞性的形體，就不能稱為欣賞石。

雅石的形狀千變萬化，主要取決於其形成的自然地質條件，包括時間、空間、構造和後期的改造等因素。

有專家根據經驗提出，欣賞石的石品，從總的來說分整體外形和畫面形狀兩大類。

整體外形又分無定形形體和具象形形體。

無定形形體，即外形複雜奇特、怪拙頑醜，醜拙之中體現一種秀美，怪頑之中顯出雄偉，形之無定而靈氣襲人。

具象形形體，即石品外觀形體與自然界的物象或景象有著相似的形體。

具象石又分「象形石」和「抽象石」兩種。象形石強調其形象逼真，抽象石強調意象含蓄。

對雅石的形狀美，還有人從造型石、景觀石和圖案石來劃分。

造型石——它是人物、動物、自然景觀等以三維空間的角度立體的形式來表現其美感。

景觀石——最接近大自然，有的甚至就是自然景觀的局部或全部的縮影，具有極強的直觀效果和立體感受，故該類雅石特別重視形與質的表現。

圖案石——又名紋理石，是以平面畫面來表現其詩情畫意，可謂雅石天成。

古人曾提出雅石之美的五大標準——「瘦、漏、透、皺、醜」。

從這五個字來看，都是指石品的外表形狀，前四字是宋代書法家米芾提出的，指雅石的具體特徵，後面的「醜」指石品總體外觀，由蘇軾所添。

雅石的形狀之美，要瘦到好處，漏得恰當，透得玲瓏，皺得怪拙。

神韻美

神韻美亦稱象徵美，是除色彩美、形態美之外的抽象美。

正如有些雅石收藏家和研究者所言，韻是一種協調，是一種姿態，是一種內在的自然流

王世定藏石

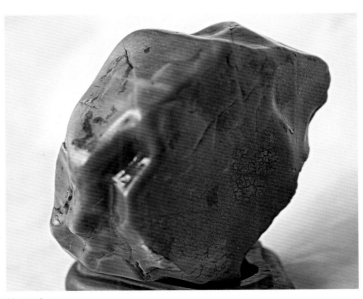

沈泓藏石

露出的精神和力量的體現，但它又不僅僅只是精神和力量，它比精神美更秀麗飄逸，比內在力量更柔媚。一塊雅石，沒有韻的形體便沒有生氣，沒有韻的顏色是雜亂無章的，沒有韻的藝術便缺乏感染力。

雅石以其種類不同而各具特殊的風韻。我國的詩詞歌賦及傳統的風俗習慣中不乏以石為物件，借石言志，抒發感情的史實，而且其風流遺韻長誦不衰。

神韻是雅石的精髓所在，是對石的形、色、質的調和，蘊於石中，是石的靈色所在，是一種可感知而不可見的力量。雅石不僅是一種藝術形象，而且是一種心境藝術。它體現的是一種清、奇、古、怪、樸素空靈的自然和永恆的美。

雅石收藏者閒時常到郊外溪澗去採石或到市場上選購幾塊雅石，經過一番清理與思索，再配以紫檀、黃楊木、紅木座架或置於藝盤中，就能成為一件件素雅別緻又富創意的藝術品。不同的雅石有不同的神韻，如雨花石清悠淡雅、鐘乳石晶瑩多姿、菊花石五彩斑斕、礦晶石玲瓏剔透。各種雅石絢麗的色彩、流暢的花紋，或似人若馬，栩栩如生；或小橋流水，天然成畫。真可謂一石一世界，一石一亙古。它是掌中山河，案上乾坤，令人百看不厭，愛不釋手。這都是雅石的韻味和韻致在起作用。

裝飾美

雅石作為藝術品已將其實用價值淡化了，屬於轉換了範疇的藝術品，具有明顯的審美功能和裝飾作用。雅石的裝飾美首先體現在空間美上。

空間美具有流動性，我國園林庭院之美如明代計成所說：「園林巧於因借，精在體宜。」所謂體宜，就是空間擺放得當，有距離感。雅石在石展臺上應給予適當距離，看起來較舒暢。相同類型之石不宜排列太近，依石之分類、石之形體全盤調整，以求空間流暢。

王世定藏石

根據雅石的裝飾美要素，評審石展或展出件數較多的石展，要對全場的石作出調整，這種更動需要達到石友共識。石展一向由多數人參與，不同於其他藝術之個展，是立體藝術，需要重視整體美，在石展中要由展覽人員調整全局，展現群體美。對會場要求整體的統一，但展品卻是多元的。

　　雅石現在已經運用到商業櫥窗裝飾上了。日本、韓國特別善於利用雅石與其他物質不同的特點進行佈置。

　　目前，雅石越來越多地出現在石友家居中，供之廳堂、書房、臥室、飯廳，「待之如賓客，親之如賢哲，重之如寶玉，愛之如兒孫。」這正是愛石人士真情流露的自然本性。在居家中，雅石不同於石展的陳列方式，須與家居陳列物品相適宜。雅石收藏者是因為愛自然之空間，而日常生活無法日夕與山林為伍，故以好石來樂山，以間窗門來愛景。由於癖石情深，人們總有少那麼一石之感覺，以致石滿為患。若展示空間不夠，可以裝箱入櫃儲放，可按春夏秋冬季擺石，可按主題表現來擺石，可新石換舊石，隨性適意興己之趣，養石之性。

　　蒲松齡在他的贊石詩中寫道：「老藤繞屋龍蛇出，怪石擋門虎豹眼，我以蛙鳴間魚躍，儼然鼓吹小山邊。」就是詩人時時看到擺設家中的雅石和屋外的「怪石」有感而作。

醜陋美

　　對於雅石，有一點與其他藝術品迥然不同。其他的藝術品醜者很難同時也是美者，而雅石則獨異其趣。

　　對雅石的審美，人們注重的常常是奇、形、色等因素，往往忽略了醜這一美學特點。有些雅石往往以醜為美，劉熙載在《藝概》書中說：「怪石以醜為美，醜到極處，便是美到極處。」當代作家賈平凹寫的有名散文《醜石》，反映的也是這樣的審美觀。

　　自古以來，一些藝術家對雅石的鑑賞提出了很多有見地的觀點，最為著名的是北宋米芾提出的「瘦、皺、漏、透」。這四字是評價太湖石的，後來的賞石者不斷地在尋找一種對任何種類的賞石品種都能適用的鑑評標準。宋代蘇軾在「瘦、皺、漏、透」的基礎上增添了一個「醜」字。

　　清代書畫家鄭燮在題畫石時稱：「米元章論石，曰瘦，曰皺，曰漏，曰透，可謂盡石之妙矣。東坡又曰：『石文而醜』，一醜字則石之千態萬狀皆以此出。彼元章但知好之為好，而不知陋劣之中有至好也。東坡胸次，其造化之爐冶乎。」鄭燮還說：「燮畫此石，醜石也，醜而雄，醜而秀。」

　　雅石的醜與秀是辯證的，對立而又統一的。看來這一著名的「奇醜為秀」的賞石理念可能就是中國石文化中最深奧最豐富的賞石標準了。

朦朧美

　　雅石之美，美在似與不似之間，即朦朧美。也就是老子所言，「大象無形」「大音希聲」，無聲勝有聲，也就是莊子所言「萬物出乎無有，有不能以有為有，必出乎無有，而無有一無有」。

　　雅石的朦朧美其實是空間美學的體現。空間美學要形象之內見神韻，也要在形象之外見神韻，空間傳神。不能看得太清晰，也不能看不見。

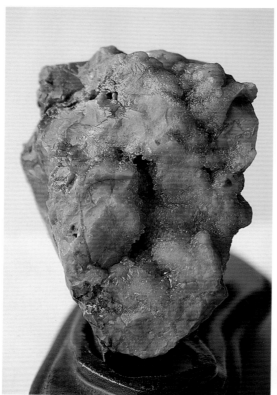

沈泓藏石   沈泓藏石

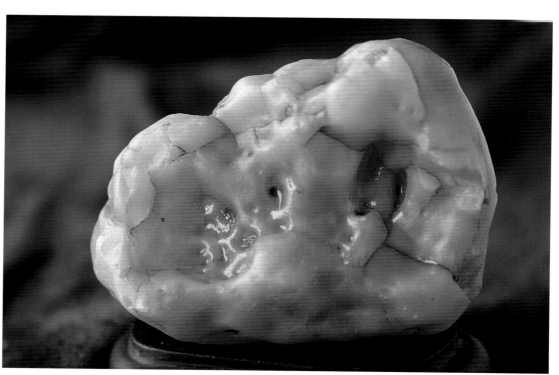

沈泓藏石

在美學範疇裏，總要談及藝術如何寫形，如何傳神，形與神如何調和，何方孰重等問題，雅石是無言的詩，立體的畫，是「立體藝術」，是「縮景藝術」，石之形神是重要的美學課題。

大地萬物，有形必有神，此神不是宗教性的信仰，而是在形象中表現出栩栩如生的藝術境界，《隨園詩話》這本書指出：天下之物，本氣之所積而成，即如山水自重崗復嶺，以至一木一石，無不有生氣貫乎其間，是以繁而不亂，少而不枯，合之則統相聯屬，分之又各自成形，萬物不一狀，萬變不一相，總之，統乎氣以呈活動之趣者，是即所謂勢也，論六法者，昔曰氣韻生動，蓋指在此。這段話與繪畫有關，也可運用到石之形神欣賞上，石在立體欣賞上有具象、抽象之欣賞，平面欣賞上有石之紋彩、色樣等欣賞，兩者皆在意得神傳：氣質俱盛。

雅石先決觀察要件，總在「形似」，形似之極，爾後可心會焉！正如唐代王昌齡所言「搜求於象，心入於境，神含於物，固心而得。」

石形不真則神將不全，當然石形無法歷歷俱足，甚謹甚細，有具體輪廓，必備具象之形態，有特顯之意象，不忠不了，而患於了，不患不全而患在太全，但自然石是天然存形，非人工雕品。

清代石濤曾說：「名山許游未許畫，畫必似之山必怪，變幻神奇懵懂間，不似似之當下拜」，又說：「天地渾熔一氣，再分風雨四時，明暗高低遠近，不似之似似之。」這不似似之，就有很豐富的美學內蘊。石之趣味就在似與不似之間之融合。

對石之傳神，主要在看得熟，搜盡奇峰打草稿，就像古人畫石，常先「讀石」於胸中。

石友說，一石之傳神見情致，一石之傳神見高大，一石之傳神見形跡。

沈泓藏石

然而，有的石友在談到某塊石頭像什麼時，常以是與非似來形容該石之美。美言之：「妙在似與非似之間」，似乎太像了則不好了，就太俗了，還是不太像的好，並借用了中國古典美學思想的一些論述當作理論依據，認為具象的石頭不如抽象的好，以至於誤導了一些人的理念，造成錯誤觀念，把一些甚至連他們本人都說不出是什麼的石頭當成好石給別人看，把一羽雞毛當成是一隻雞，弄得別人丈二和尚摸不著頭腦。山東雅石收藏家陳慧明說，此風不可長，不能把評價書畫的一些觀點完全用到評價雅石上。陳慧明認為，雅石是大自然造成的，注重天然，而書畫是人為的，注重意會。評價雅石好不好的要素「質、形、色、紋、意（意是外延，是質形色紋的體現）」中，形佔了很重要的地位。古代的詩畫也講究似與非似，但那也是有條件的。

　　荀子說過「形具而神生」，認為神生於形，無形哪有神韻，皮之不存，毛將焉附。形是形體，神是內涵，無形則不能通神，無神則無生氣，二者對立統一。

　　當然，雅石是大自然造就的，要找到一塊非常像什麼的實屬不易，非常之難，但也不能因此認為不太像的好，太像的不好，而應是越像越好，這和吟詩、作畫不太一樣。因為美總是具體的，凡是感受不到的東西，對美感而言就不存在，寓理於象，以形寫神，雖然藝術崇尚自由，但太空泛了則無意義了。

　　傳統藝術表現的主軸是形神兼備，並以形為手段來獲得神的結果，形不真則神不會，傳神者必以形似。張大千雖然強調重寫意而不求形似，但又講過：「繪畫只有形神兼備，才能創造真正的美。」齊白石雖然說：「太似為媚俗，」但也認為：「不似為欺世。」石濤曾說過：「以形作畫，以畫寫形，」潘天壽指出：「繪畫，不能離形與色，離形與色，即無繪畫

沈泓藏石　　　　　　　　　　　　　　沈泓藏石

矣。」故而，僅憑主觀臆斷而牽強附會是不恰當的。

形神兼備的石頭才是好石頭，神從何來？大不了是悟出「禪意」了，自以為心中有禪了，清高了，別人不懂唯己自明，但真問起來，則如鄉下頑童說廟裏的事，知亦不知，體會不得了。

所以說，禪要從神中來，神要從形中求，我們要求神似即可，像寫意畫一樣。西洋畫講究具象，達‧芬奇的「蒙娜麗莎」可謂形神兼備，價值連城，誰敢說那不是一幅好畫？在賞石中一定要切合「石」際，決不能名不符「石」，也不能言過其「石」。

再回到形與神的關係。所謂「形」，是指自然界物體在三度空間占的位置，那麼作為觀賞用的雅石的形是指雅石在大自然造化下所形成的天然、非人為加工的外在形體。

所謂「神」，是指觀賞物件形體內涵的精和氣的反映，雅石的神是雅石的靈魂和生命，是雅石內在精、氣、神由形的體現。就其關係而言，必然是先有形而後體現神，神蘊含在形之中，靠形來反映，形是雅石的軀殼，而神是雅石的內涵，形是神的載體，有形的雅石不一定有神，但無形的石頭一定無神。

空靈美

雅石的空靈美是由兩個方面表現的，其一是表現在它的形狀上，或奇崛，或詭異，或飄逸，或超邁，表現出空靈的意境。其二是表現在它的佈局上，由收藏家藝術化的擺放，顯現出空間之美。

觀賞石不是人為雕塑品，是天工造物之「自然石」。如何在似與不似之間發現傑出不凡，展現石之風姿、石之風情、石之意象、石之意境，雅石的空間美學是雅石審美價值的重要內容之一。

有人稱雅石為「立體藝術」、「三維空間藝術」（高度、寬度、深度），就是說，雅石要有空靈美，才能更富有藝術感染力，從而點出主題之美。以空靈美為原則，對空間的組織和處理是使「實景清而空景觀，真境逼而神境生」的藝術表現。

如何由三維空間表現出雅石的空靈美呢？雅石要適得其所，適得其位，趣不在多，從而給予雅石空間距離。一輪明月當空會生出詩情，一點風帆可看出畫意。

任何藝術欣賞與創作都有一個空靈美的追尋，作為空間美學中的空靈，是人的自由創造，表明了人類不斷在征服空間也利用空間，更營造空間。建築結構要留存空間，都市景觀要留存空間，國畫要空間傳神，書法線條之空間要計白當黑，才顯出文字之美，沒有空間就沒有視覺，沒有空間就沒有美感。

空間美具有想像性，八大山人畫一條生動魚在紙上，其周圍必使人感覺滿紙是水；舞臺上常看划船舞姿，無船無水，這就是想像性的空間美感，即空靈美。空間美具有躍動性，一幅好書法，字裏行間，起伏相承，黑白相映。

居家雅石以廳堂擺設最多，一兩塊就可體現廳堂的空靈之氣，顯出風雅獨特之廳堂風格來。書房、飯廳、客房也有人擺石觀賞，一些雅石收藏家的家裏甚至到處都是雅石，然而並不顯得擁擠，這正是因為雅石具有空靈之美。

這裏所說的空靈美，不是說要有多大空間才能觀賞雅石，而是要給予一件雅石多大的空間距離。有人能在局促之家居中，利用一片牆壁擺放雅石，這面牆壁就成了視景的雲天；掛

沈泓藏石

空間美具有想像性（沈泓藏石）

沈泓藏石

王世定藏石

一幅山水畫或字聯與雅石相伴，那就是美好的組合；甚而小至幾櫃也能達到空靈效果，並可以不時更換雅石欣賞。

雅石空靈美就是給它最佳位置，最佳角度，當您歸來，是什麼石迎對入眼；當您坐在沙發上，視野所見，又是何種觀賞石在視線內，「青山料我亦如是」。

精神美

雅石有精神，雅石的精神美可以淨化心靈，昇華情操，激勵奮進。

人類喜歡雅石，除了喜歡雅石的外形、色彩等外在美外，還喜歡透過思考石頭的內在精神力量，從石頭上學到很多內在的東西。比如，有過苦難經歷的人會欣賞石頭，因為每一塊石頭都是經過艱苦的跋涉才來到我們面前的，這一過程換來的是大自然鬼斧神工的完美傑作。有過苦難經歷的人，從雅石的身上發現了自己，引為知音。這就是為什麼「花如解語還多事，石不能言最可人」，這就可以理解為什麼有人跟石頭稱兄道弟。

而正處在逆境苦難和艱難磨練中的人，更容易從雅石身上獲得精神的力量，雅石千萬年來經受著我們難以想像的風雨折磨，但它們仍然坦然面對磨難，給逆境中的人是一種鞭策和激勵，給將要沉淪的人是一種不曲不撓的奮進的力量。

對於有缺點的人，雅石也會給其以感悟。因為就像人類天生有缺點一樣，石頭也有，正因為有了這些缺點並同環境作鬥爭，它才具有了獨特的形態。

那些可以同石頭談心的人，能培養出對自然的愛，接受生活壓力對我們的考驗。雅石收藏家都是低調的，常以低姿態出現，這都是默默無語而頑強生存的雅石精神感染了他們。

雅石沒有功利心，所以平靜淡泊；它安

於大自然安排的位置，與自然和諧相處，所以熱愛和平，熱愛大自然；雅石在特殊的情況下或許會粉身碎骨，但它無怨無悔，義無反顧，因為它能意識到沒有犧牲將毫無價值，沒有付出將一無所獲；雅石不自欺欺人，不對自己說謊，所以它有能力接受無常的命運。雅石的這些美好精神深蘊在石頭內部，只有磨練出更高審美境界的人，才能感受到。

賞石藝術可能是無聲的，但它能改變人的精神，是一種不受教育程度和經驗限制的交流，沒有任何人類的發明創造能以這種方式與靈魂交流，就像大地母親盡力找到了一種與觀賞者交談的方式，只要他意識到自己需要傾聽她的聲音。

正如一位有造詣的雅石收藏家所言，雅石可以使我們意識到自然的美和韻，意識到我們的生命是多麼短暫和渺小，使人類更與上天接近，與石交流，由它帶來的超然意識，我們可培養溫良的氣質，獲得內心的平靜。對石的沉思，使我們從內在到外在都受益，並培養人格力量。賞石藝術，這種展現石的方式，激勵人們淨化靈魂，一定會從精神和生態兩方面影響人們的社會意識。

雅石之所以歷來被認為既雅又趣，深受民間玩石者的鍾愛，說到底都因為它是一件美的東西，這從雅石在我國的種種稱謂就可以看出，這些稱謂包括雅石、趣石、美石、案石、供石、石玩等，用在雅石身上的都是一些美好的詞藻。雅石因為有美才有人愛，才有存在的價值。

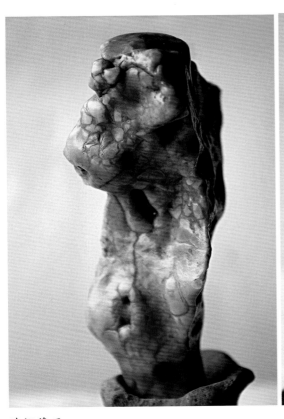

沈泓藏石

沈泓藏石

第六章
雅石的功能

傲骨如君世已奇，嶙剛更見此支離。
醉餘揮掃如椽筆，寫出胸中塊壘時。

——清・敦敏

王世定藏石　　　　　馬永新藏石

　　「園無石不秀，齋無石不雅。」雅石是「立體的畫」「無聲的詩」。
　　近幾年來，不斷升溫的雅石熱正以極大的魅力吸引著大批藏石家和數以萬計的雅石愛好者，雅石的商業價值也正開始為人們所認識。
　　雅石既是特殊的經濟礦產資源，又是珍貴的旅遊資源。自 20 世紀 70 年代國際上出現「雅石熱」以來，開發和利用雅石資源已引起許多國家的重視。
　　雅石收藏熱是因為雅石有眾多的功能。那麼，雅石有哪些功能呢？

尋覓功能

　　覓是尋找，就是尋尋覓覓。尋覓是艱難的，然而，人的一生就是尋覓的一生，人的行動動力往往就是尋覓，無論是愛情，還是求職，人生一切最重要的關口，都是靠尋覓得來的。
　　覓或許是苦難的歷程，然而，找到的快樂則遠遠大於痛苦，快樂在哪裏？就在「眾裏尋他千百度，驀然回首，那人卻在燈火闌珊處。」

覓石就像尋找愛人，重在一個「緣」字，往往有意栽花花不開，無心插柳柳成陰。

人類不僅想瞭解自然，亦想瞭解自己的過去、現在和將來。人源於自然，是自然的一個重要組成部分，於是在自然中選擇了石頭作為參照物，石頭的相對靜止與人類動態的發展史給人們以啟示，石頭的自然美與人類的精神美在奇石極富個性的空間中得以互動。

正如一位哲人曾經說過，人類追尋自然之謎的終極目的是想揭示自身存在的謎底。這或許正是人與石頭結緣的原因。

覓石功在石外，如大荒山上尋寶玉，全在有心無意中。你有心她有意方可結緣，關鍵是有心。而「緣分」總是為有心人準備著的，所以說，尋覓是「事事有意又無意，無意全在有意中。」

哲理從尋覓得來，快樂從尋覓得來，思想從尋覓得來，境界從尋覓得來，收穫從尋覓得來。

收藏功能

收藏雅石也有人簡稱為藏石。有人說，藏石如藏經，一石一本經，天天念此經，長壽又年輕，雅石蘊含千般秀，心有靈犀一點通。

藏石是一種啟迪，從啟迪中找到追求，從追求中找到精神上的某種感覺，這種感覺是創造，這感覺千金難買到。

藏石的人都有好性情，石性人性以石養性。

增值功能

雅石能儲財增值。奇石集天地之精華，蓄自然之神力，經億萬年磨練造就而成，非人為所致，既不能複製，又不能再生，有其珍稀性和獨特性，因而有很高的收藏價值。

雅石堅實純真，不霉、不腐、不化、不變，和其他一些藝術品相比，易於收藏保存，可代代相傳。隨著賞石活動的普及深入，奇石必定不斷增值。香港回歸中國之前，山東大發達集團公司曾以 42.9 萬元的高價得到一方「回歸石」，創造了當年國內奇石拍賣的最高紀錄。

王世定藏石

觀賞功能

觀就是看，然而又不僅僅限於用眼睛看，還要用心來看。觀石如悟道，悟得真趣方入道。

何謂道？道者萬物之本、之理、之規律也，悟得真諦者入道也，石為自然之道。

道法自然，石是最有個性的，千年不腐萬年成形，一石一貌絕無雷同，日觀日新千年不厭。

觀石不僅僅是觀眼前之石，重在思接千載，神遊萬里。觀

王世定藏石

石如照鏡，看到的是你自己，你有多深，石有多深。所以說「石道人道以石悟道」。

品鑑功能

　　品就是鑑賞，古代有詩品，又有品石，就是說，石頭也是一首詩，需要慢慢地體味感覺。

　　然而，品石似乎比品詩需要更高的悟性和靈性，詩有文字，是詩人品過之後的東西，而石頭則是原始的自然對象。所以，有人說品石如參禪。何為禪？靜思、冥想、不受約束、淡泊名利、執著地追求真理。

　　雅石的品鑑不同於繪畫、老票證、郵票之類平面藏品的品賞，雅石的品賞多數類似藝術建築、雕塑，是立體的品賞。園林家有「樹看三面，石看四方」的說法，品賞一塊雅石，如是大型的，有時要繞著大石走，看其各個方面的特點；如是小塊的，有時要拿在手上，轉著看，多個角度去品賞。

　　一樹一菩提，一石一世界，一石遍含一切法。石裏有人生，石裏有藝術，石裏有科學，石裏有哲理，這哲理就是有人概括的：石身人生以石修身。

審美功能

　　審美功能和觀賞功能與品鑑功能緊密相連，有相同之處，然而，它又不等同於觀賞功能與品鑑功能。

　　如果說觀賞功能與品鑑功能是雅石鑑賞的初級階段，那麼審美功能則是雅石鑑賞的高級階段，是觀賞功能與品鑑功能的延續、提煉和發展，是從感性到理性的昇華。

　　雅石美的本質是天公作美，即自然美。人工的發現、安頓、襯飾等都要有天公作美為基礎。要審視其天公作美，還要注意雅石在地殼變動中所形成的地質美（含物理美、化學美），如物質的純淨美，地殼運動所形成的構造美、韻律美，地力表現的氣勢美、運動美、力量美，等等。

　　雅石的天然美是任何高明的藝術家都想像不出、構思不出、創作不出的。人算不如天算。壽命最長的藝術家積幾十年的功力創造出來的藝術品當然有很高的審美價值，但大自然

王世定藏石

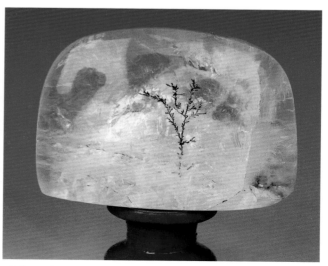

馬永新藏石

千萬年、上億年（地球的形成至今至少有45億年）熔鑄、構造、淘洗、打磨出來的雅石當然也有其更為特殊的審美價值。

藝術美在雅石鑑賞上可借鑑，但藝術美決不能代替自然美。

雅石的審美要符合中國傳統的賞石理論，同時又不拘泥於傳統，應有所創新。但東方雅石的審美標準如皺、漏、透、瘦、結、奇、醜、頑、拙、靈秀、渾厚、氣勢等和西方雅石審美中注重的光、色、架構、肌理、物理性、化學性、科研價值、紀念價值等，以及當代各地流行的形、色、質、紋等理念，都不是憑空而來的，而是人們在賞玩雅石的實踐中總結出來的審美經驗，均可作為雅石審美時的指導或參考。

雅石的審美理念是繼承發展的，即有相對穩定的共同的審美觀念，有時還有像時裝那樣的時尚性。

怡情功能

賞石能健身養性，也能賞心怡情。當你發現一枚奇石後，心曠神怡，煩躁皆消，心情格外舒暢。回到家時，對石悟性，細細品賞，你看石，石看你，相看兩不厭，思想境界倍覺開闊，彷彿自己已返樸自然，實現了物我相融，天人合一。

賞石，接近自然，心靈與山水對話，汲天地之精華，滌凡心之污濁。賞石便是在自然的美感與文化的氣氛中得以身心愉悅、陶冶情操。國家一級美術大師羅志摩悟出石有「五德、五訓」，即沉靜淡泊，不嘩眾取寵；渾樸剛正，不柔媚悅人；表裏如一，不弄虛作假；堅貞永恆，不動搖變節；樂於助人，不吝惜自身。

充分享受雅石的怡情功能，就能發現賞石的更高層次是一種精神境界，透過收藏雅石，人們學會審視自己，挑戰自己，在賞石過程中，人們學到了許多在書本上學不到的東西。心境離塵囂遠一點，離自然近一點，淡泊就在其中。淡泊是一種氣質，是世事洞明之後的一種清醒，是對得失看穿之後的一種豁達，是對榮辱悟徹之後的一種超脫。

一個人只有發現了美，為美所感動，才能激發豪情，最終轉化為一種精神食糧。正如美國現代評論家保羅‧福塞爾在他的《格調》一書中提出：人們的格調是用金錢、地位無法衡量的，它是人們綜合素質的具體體現。

人生忙閑相隨，不忙碌，人生無價值；不休閒，生活無情趣。

明志功能

詩言志，雅石也能明志，它是雅石收藏家和鑑賞家人生理想的寄託，由雅石收藏，達到修身養性，陶冶情操，使自己成為道德高尚的人。

很多雅石收藏家的文章表述了雅石的明志功能。如浙江雅石收藏家羅志摩的《供石頌》，就充分展現了雅石的明志功能。

俱往矣！當代愛石者，旨在賞石悟性，藏石明志，在覓石、賞石、悟石中慎思守志：覓其天然野趣之真，質色形紋之奇，渾樸高遠之古，奇異拙醜之怪，孤高稀珍之絕的石頭。供仰於廳堂齋館，朝夕相見，自覺自悟；觀其以小見大，一峰則坐地神遊，一石則奇幻千尋。修身養性，陶冶情操，寧靜致遠，神與物遊；悟其石德石性，探索審美哲理。崇尚高潔，歌頌堅貞，宣導渾樸，振奮精神。石雖無言，因人而有所悟，故供石卻是撫慰人心的泉，自警的句，千古不朽的座右銘。

吾國吾民，崇尚禮義，以天地爲尊，德育爲本，借喻自然：似天之至高至聖，似海之淵博廣深，似松之堅貞挺拔，似柏之萬年長青。似梅之傲雪迎春，似蘭之幽雅清靜，似竹之高風亮節，似菊之傲風凌霜。樂山者以尊其巍峨崇高，愛古者以頌其渾樸堅貞。人之高下，皆師法自然，乃「天人合一」的深邃哲理，是中國人審美的宇宙觀。

石者，聚天地之精氣，化日月之光華。雖一拳之多，則通靈性，解人意。民族之骨堅如石，中華之魂緣石生。石有「五德五訓」相贈：沉靜淡泊，不嘩眾取寵。渾樸剛正，不柔媚悅人。表裏如一，不弄虛作假。堅貞永恆，不動搖變節。樂於助人，不吝惜自身。此德此訓，浩然長存，吾稱其謂「石頭精神」，亦是愛石、賞石、悟石、藏石之真諦。故有人悟石性，崇石德，拜石師，迷石趣，癖石好，成石癡。至玄至妙，非言所及。

透過雅石收藏，樹立五德，這是古代雅石收藏家的共同志趣，也是當代雅石收藏家對雅石收藏至高境界的傳統的發揚光大。

交友功能

清代雅石收藏家趙爾豐說，他之所以迷戀雅石，是因性格與石相通所致。趙爾豐說：「石體堅貞，不以柔媚悅人。孤高介節，君子也，吾將以為師。石性沉靜，不隨波逐流，然叩之溫潤純粹，良士也，吾樂與為友。」

雅石的交友功能是指兩個方面：一方面，人與石交流，人以石為友；另一方面，雅石收藏鑑賞過程中能廣交朋友。

上海雅石協會的王貴生談到有關雅石的觀點時說，「石友」和「金石交」二詞由來已久，都是指情誼堅貞的朋友。杜牧有「同心真石友」詩句。「石」寓意「實」。於是石石在在，石心石意，經常出現在雅石收藏鑑賞者口中。

透過賞石，不僅可以提高文化素質，而且對自己的智力、社會交際能力等會有所提高。

賞石老少皆宜。年輕力壯者，可呼朋喚友，長途跋涉，一起上高山，下大河，採集一些大、中型奇石，在旅途中相互關照，更能結下純潔的友誼。年老體弱者，也可和離退休的老年協會會員一起，信步於河灘，漫遊於溪邊，尋找一些中、小型奇石，甚至於在砂石場裏，留心觀察，也會得到一些上品奇石。同尋同遊的過程，就是一個最佳的交友過程。

另外一些重要的交友機會是陳列展覽，眾多石品彙聚一堂，石友也隨石相聚，為不同的雅石所驚歎，是最佳的交流切磋機會；雅石市場尋尋覓覓，也是一個交石友的場所；雅石研

王世定藏石   王世定藏石

討會和協會活動更是交友良機。

禮品功能

　　秉承古代名人收藏交流雅石的傳統，雅石的文化價值還體現在它是貴重的禮品。《尚書》中有舜賜玄圭給禹的記載，這是歷史典籍記載最早的石製獎品。

　　克林頓在廣西遊灘江，船長贈送一方雅石給克林頓。克林頓如獲至寶，非常高興。這是廣西旅遊界給當代大國首腦的禮品。

　　蘇州和美國波特蘭市結為友好城市。蘇州市政府將一方題名為「雅石靈通」的太湖石贈送給波市，此石高 6 公尺，重 16.2 噸，上大下小，如巨大的花蕾，寓意前途無限美好。此石高高聳立在波市德郎‧希拉克廣場上。

　　中國首次南極考察隊和向陽紅十號船於 1985 年 2 月 21 日贈送給上海人民珍貴的南極石。此石聳立在人民公園內，作為永恆的紀念。科技部贈送國家自然科學基金評委會評審組成員珊瑚化石印章毛坯，作為紀念品。

　　柳州市人民政府舉辦首屆柳州國際雅石節，贈送給國內外貴賓草花石。現在石店之多，辦展之勤，規模之大，可算日新月異。這都是因為雅石具有現代禮品功能所致。隨著人民生活水準的提高，隨著收藏熱升溫，隨著人們逐步提高對雅石文化含量的認同，這種以石為禮品的風尚將越來越普及。

保健功能

　　第一次接觸藏石有利健康這一觀點是 10 年前深圳雅石收藏家王世定所論。那是第一次見到他，我說古董收藏高於雅石，他強調雅石收藏高於古董。說到激動處，王世定說：「藏石賞石還能治病，我天天把石頭從樓上搬下搬上，經常到雅石產地尋找石頭，把石頭運回來，生命在於運動，收藏雅石是最好的運動，我從來不得病，有的雅石收藏者以前有病，自從收藏雅石後，病就好了！」

人們熱愛大自然的山山水水，但登臨高山，觀其大川並非易事，而收藏雅石，大自然之美便濃縮在你的茶几上、展示臺上，足不出屋，神遊名山大川之間，在居室中領略自然之美。

採石是戶外活動，涉步於山川溪流之間，呼吸新鮮空氣，領略自然風光，這本身就是健身活動。所以，行走山川覓雅石有助於身體健康，而欣賞雅石則有助於心靈的健康。據現代醫學研究發現，在充滿藝術氛圍的環境裏，人們的精神緊張和視覺疲勞容易消除，有利於中樞神經系統的調節而改善機體各機能。

醫學家提倡「藝術療法」，認為藝術具有使人們重新煥發活力的作用，是一種心理養生，是心理上的一種「維生素」，十分有益於人們的身心健康。

藏石、賞石，在某種意義上說是一種「儲存快樂」。進入雅石世界，好比進入日常生活截然不同的領域，探討截然不同的話題，與截然不同的朋友交往。

在雅石世界裏，與石為伍、與石相伴、與石同樂，這裏沒有猜疑、沒有妒忌、沒有上下級之間的謹慎，石友中天天有新鮮的笑臉，其樂無窮。實踐證明，藏石、賞石是一種樂趣、一種文化、一種精神財富，是無價的，是金錢買不到的，是自己擁有的。金錢能帶來財富，權勢能使人顯赫，但有了它不等於有了快樂，如果細心觀察一下，快樂的人還多半不是有錢有勢者。

在雅石世界裏，因為有共同的愛好，有共同的語言，有共同的審美觀，石友在互相切磋中，人與人之間建立一種特殊的人際關係，在這裏不用去想「禮尚往來」，不必擔心防人有所求，無須考慮語言輕重，更不必提防「感情投資」。石友之間玩物不玩人，搞藝術不搞權術，石友周圍是無污染的「綠色朋友」。

心理養生是 21 世紀健康的主題。醫學界大量研究發現，經常保持積極的心理狀態和良好的精神境界，人體機能可分泌有益的激素、酶和乙酰膽鹼。這些活性物質，能把血液的流量、神經細胞的興奮與抑制以及臟器代謝的活動調節到最佳狀態，可增加免疫功能和抗病能力。醫學界為了人類的心理健康，提倡許多非藥物的治療方法，如音樂療法、園藝療法、藝術療法和石療法，等等。

石療法是一門十分古老的科學。亞里斯多德的學生，古希臘自然科學家賽奧夫拉斯圖就撰寫了有關石療的專著，古希臘醫師也研究並採用了石療法。古羅馬醫師迪奧斯庫里德寫了五部醫學書，其中有一部專論石療。瑪雅人和美洲印第安人不僅用石頭治病，還用它進行診斷。

當然，不是任何石頭都可以治病。古代的日爾曼人和斯拉夫人曾用琥珀治喉部及代謝系統的疾病，南非的石英石對治療心肌梗死有一定的療效，南美洲的石英石能治療不育症，磁鐵礦石有消炎、鎮痛的作用，還能對新陳代謝和組織的再生產生影響。

從古希臘文翻譯過來的斯維亞托斯拉夫的一本書中寫道：紫水晶可以防醉、治酗酒，紅鋯石能避免嚴重抑鬱症等。

玉石有益健康，有保健作用，我國古代醫藥名著《神農本草經》和《本草綱目》早有記載，玉石具有「除中熱、解煩懣、潤心肺、助聲喉、滋毛髮、疏血脈、明耳目」等療效。民間素有佩戴玉器的習慣，既可作為美的裝飾，又能促進人體健康。現代醫學也對玉石的保健功能進行了研究論證，結果表明玉石具有高強度電子輻射力，能釋放出足以影響人體生物電，刺激內分泌，調節新陳代謝的能量。藥典《聖濟泉》說：「面身瘢痕，真玉日日磨之，久則白。」據記載，楊貴妃、慈禧就是按此方法美容的。

玉石也是岩石，不過它是高檔次的岩石。廣西的大化石、彩卵石，福建九龍壁石、壽山

石，南京的雨花石，浙江青田石，還有麥飯石等，這些名石的成分、結構和分子排列有的類似或接近玉石的成分，都有其特異的性能。

這些名石有益人體健康的功能是肯定的，如壽山石（白色、粉紅色、淺黃色）對人體皮膚的保健作用非常顯著。至於這些名石的微量元素含量，健身功能程度如何，值得進一步探索和研究。

裝飾功能

新房裝飾完畢，總得弄幾件裝飾品，比如書畫、陶瓷、銅雕、絹花之類的。在眾多的現代飾品和古玩中，收藏家認為最有品味和美感的還得數雅石。俗話說得好：「山無石不險，水無石不清，園無石不秀，室無石不雅。」於是，人們很自然地用雅石來美化居室，把自然景致引入室內。

如今的城市人離大自然似乎越來越遠，回歸自然成為都市人無法割捨的世紀情結。趨同的家居模式使人們的生活色彩單調乏味，同時也在磨滅著人的靈性。為改變這種狀況，在美化家居時，如能用幾塊天然雅石置於其中，就會有一種百看不厭的賞心悅目之樂。

家居面積寬綽的可在廳裏闢出一角，地面鋪上鵝卵石或粗石粒，種上些喜陰植物，在旁邊再擺上一盞石燈或一塊黃臘石，大自然的氣息便躍然而生；要嘛在長方形或橢圓形的石盤內，放置一大一小兩組呈山巒狀雅石，猶如濃縮的三山五嶽，再搭配上微型人物、動物和花草，便憑添生機。

若你的家居面積有限，可將一塊塊美石單獨陳列，配上木質或石質的底座，置於案桌、花架或博物架上，如果雅石的顏色淺淡，最好配以彩色的燈光照射，突出其紋理圖案，以光怪陸離顯其魅力；如果找不到合適的底座，可以用一塊木或石，其上蓋一方絲絨面料為雅石的依託，在「剛柔對比」之下，也是很有韻味的。

石雖無言最可人。沈鈞儒先生的《與石居》詩可謂賞石意境的最好詮釋：「吾生尤愛石，謂是取其堅。掇拾滿吾居，安然伴石眠。至小莫解破，至剛塞天淵。深識無苟同，涉跡漸戔戔。」

在如今噪音充斥的喧鬧環境中，精美的雅石給我們帶來幾多寧靜的心情，正是「雅室何須大，有石天地

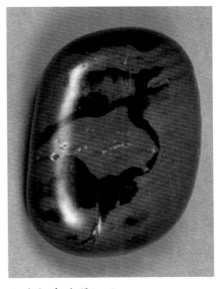

紅水河支流習江石

王世定藏石

王世定藏石

寬。」

國石功能

　　像國花、國樹、國鳥一樣，世界上已有近四分之一的國家選定了國石，代表一個國家的形象，象徵民族精神，激發人民愛中國、愛家鄉、愛自然的熱情，增強凝聚力，表達對美好未來的追求。

　　目前，被選作國石的礦物或岩石主要有：

鑽石──南非、納米比亞、英國、荷蘭；

祖母綠──哥倫比亞、秘魯、西班牙；

紅寶石──緬甸；

藍寶石──美國、希臘；

金綠寶石（貓眼石）──斯里蘭卡、葡萄牙；

歐泊──澳洲、匈牙利、奧地利、捷克和斯洛伐克；

橄欖石──埃及；

水晶──瑞士、日本、烏拉圭；

柏翠──紐西蘭；

青金石──阿富汗、智利、玻利維亞；

綠松石──土耳其；

孔雀石──馬達加斯加；

麒麟石──加拿大；

黑曜岩──墨西哥；

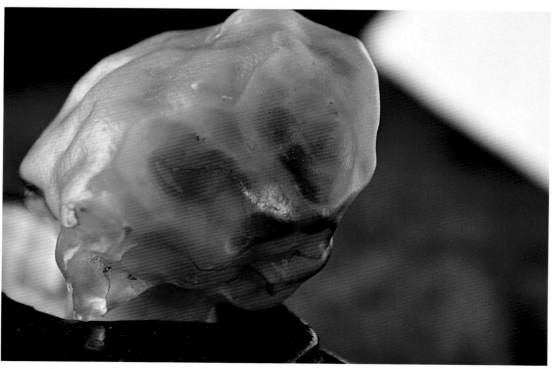

王世定藏石

珊瑚——義大利、南斯拉夫、阿爾及利亞、摩洛哥；

珍珠——印度、阿拉伯、菲律賓、法國；

琥珀——德國、羅馬尼亞。

被選作國石的礦物或岩石，通常具有下列特點：

1. 為該國的特產，並為本國絕大多數公民所熟悉和喜愛；

2. 雖非本國特產，但對該種寶石加工水準居世界領先地位；

3. 絢麗多彩，顏色鮮豔純正；

4. 光澤柔和美麗或具特殊光學效應；

5. 堅硬緻密，耐磨能力強；

6. 抗酸抗鹼，不腐蝕；

7. 具某種象徵意義或具有悠久的歷史傳說，符合「物以稀為貴」的原則。

總之，被選作國石的以天然寶玉石為主，生物寶玉石次之，個別為化石（麒麟石）和岩石（黑曜石）。

關於我國的國石，有識之士在中國寶玉石協會成立大會上曾提出議案，建議評選國石綜合國內各家所見，有關專家推薦鑽石等十二種天然寶石和生物質寶石珍珠作為中國國石的候選者。

由於我國地域遼闊，民族眾多，飲食文化上尚有「南甜北鹹，東辣西酸」之別，國石選擇上當然更難求一致。但是，愛美之心人皆有之，美的、好的東西終究會被國人所接受、所認可，因而可以採用國花評選的模式——一國一花（牡丹），一國四花（梅花、牡丹、荷花、菊花）。不求完全一致，但有總體趨勢。所以，當代人應該把握機會，評選出中國的國石。

沈泓藏石

第七章
名人爲雅石添彩

萬仞峰前一水傍，晨光翠色助清涼。
誰知片石多情甚，曾送淵明入醉鄉。

——宋·程師孟

王承祥藏黃河石

　　自古以來，石頭與人們的生活密切相關，石頭裏面有文章，有故事，有歷史，自盤古開天以來，女媧補天、精衛填海、大禹治水和愚公移山等都是與石頭有關的動人故事。而古代名人與雅石的故事，則更是數不勝數。

　　雅石是風塑的精靈，是水造的魂，是大自然鬼斧神工的傑作，是時空散落的美，是詩，是畫，是愛的真諦。

　　古今很多名人與雅石結下不解之緣，他們愛石、藏石成癖，把感情寄託在石頭上，怡情明志，留下許多膾炙人口的趣聞掌故。

賞石家對於「米顛拜石」和「瘦、縐、漏、透」的賞石原則，都非常熟悉，其實米芾除了言行舉止異於常人，具有玩世不恭的個性，為中國雅石收藏鑑賞史增添了不少趣事外，米芾還和蔡襄、蘇軾、黃庭堅合稱為宋四大書法家。書史稱「蘇勝在趣，黃勝在韻，米勝在姿，蔡勝在度。」

除了書法，米芾的山水畫也很有特色。他畫山水從董源演變而來，不求工細，多用水墨點染，自謂「信筆之作，多以煙雲掩映石，意似便已。」突破了勾勒加皴的傳統技法，開創獨特風格。

沈泓藏石

米芾是聞名古今的第一石癡，他見到雅石，便拱手相拜，稱之為「石兄弟」，有些珍品更是愛不釋手，常藏於袖中，隨時取出觀賞，謂之「握遊」。

他曾得到過一尊供石，名為「硯山石」，直徑一尺多，前後有五十五個如指頭般大小的峰巒，頂有一小方壇，上面鑿出二寸見方的硯臺，傳說是南唐後主御府的寶物，是著名的古董。米芾在《硯山》詩序中寫道：「誰謂其小，可置筆硯……」後來米芾用它換了蘇仲恭家在鎮江甘露寺下沿江的一處宅基，築成「海嶽庵」。

上海有一位賞石家王貴生，從 1997 年開始在全國各地拍攝了一千多張古石及相關的照片。古石是指流傳有緒，於史有稽，古雅有徵，古人留下的觀賞石。他特別對米芾拜石及米芾的有關資料感興趣，並對這些資料進行了專題整理。

沈泓藏石

米公有一方文房雅石名「寶晉齋研山」，齋前有墨池。根據清康熙十二年（1673 年）《無為州志》記載：「郡廳後構小亭為遊憩之所，亭前石池，公夜坐，苦群蛙亂聽，投硯止之，蛙遂寂。翌日，池水成墨色。迄今名『墨池』。旁有石丈，即米芾具袍笏拜者。」世人為紀念米芾，在寶晉齋、墨池、石丈的基礎上建米公祠。1981 年被定為安徽省重點文物保護單位。

米公墓在鎮江南郊風景區，山下墓道從米家山拾級而上，分 4 段，每段有一個約 6 平方米平坦水泥場地。四段分別為 27、9、11、15 個臺階。墓為圓形。墓前立漢白玉石碑，碑文是：宋禮部員外郎米芾元章之墓，右上注「1981 年春日重修」，左下落款「曼珠後學啟功敬題」。再往山上走，半山腰是四角紀念亭，該亭大小和無為墨池中六角投硯亭差不多。墨池四周鮮花盛開，

王世定藏雨花石

松柏常青，米公在此，當年為世不容，今可含笑九泉了。

米萬鍾狂搜雨花石

明代大書法家米萬鍾是米芾後代，也是個石迷。在六合縣當縣令時，「自懸高賞」搜購雨花石。他家中藏石眾多，公務之餘，常於「衙齋孤賞，自品題，終日不倦」。

他藏有 18 枚絕巧的雅石，分別以詩句命名，如「三山半落青天外」、「門對寒流雪滿山」等，還請畫家吳文仲作成《靈岩石圖》，請胥子勉寫成序文《靈山石子圖說》，這是有攝影以前，中國最早的關於玩石的圖片記載之一。

他每請人觀賞這些石子時，都要「拭幾焚香，授簡命賦」，才叫書童捧上雅石，繼而把客引至石齋，端出上乘美石，最後才從袖中亮出極品，可謂鄭重其事。

有趣的是，米萬鍾把一塊重達數十噸的園林石運至半途再也無法運走，只好棄之，並寫了《大石記》。後來清乾隆得知此石，把它運到頤和園樂壽堂前苑，賜名「青之岫」並題詩作賦。此石成為中國古代名石之一。

蒲松齡雅石結「十友」

《聊齋志異》的作者蒲松齡也是一位著名的雅石收藏家。今天走進位於淄川蒲家莊的蒲松齡紀念館，還可以看到蒲翁愛石遺風猶存。當年他珍愛的雅石依然倩姿玉立，熠熠生輝——名揚石壇的海岳石，為靈璧石中之珍品，堅如鐵，潔如玉，聲如磬，相傳為明代藏石家米萬鍾所藏，後歸於蒲松齡執教的畢氏家中，被視為傳家之寶。

蒲翁終日伴石教書，寄情於石，藉石韻而增神志，以石娛目，悟德修性。他在石隱園常與爭奇鬥韻的怪石作無言的交流，並以石為友，專門精選了 10 塊形神奪目的雅石稱為「十

馬永新藏石

沈泓藏石

友」，依石之形象賦以「鳳翔」、「雙鷹」、「九象」、「豚豕」、「太僕」、「垂雲」、「菡萏」、「月窟」、「魁星」、「靈璧」等雅名。

為詠天斧之奇工，揚神鏤之絕技，蒲翁還特為「十友」石揮毫題詩：「石隱園中遠心亭，門對青山四五層。鳳翔雙鷹飛禽樣，九象豚豕走獸形。太僕垂雲生得好，菡萏月窟最朦朧。宋朝魁星石靈璧，萬世名傳十友名」。

珍藏於蒲氏故居的蛙鳴石，形似蛙鳴，妙在天成，生動傳神，極富動感，蒲翁常愛不移目，賦詩贊之：「老藤遠屋龍蛇出，怪石當門虎豹眠。我亦蛙鳴間魚躍，儼然鼓吹小山邊。」

珍藏於蒲氏故居的三星石，亦是昔日蒲老先生的珍愛之物。此石生有三處圓形亮點，燈照則閃閃發光，天授神韻，既具傳統賞石「瘦、皺、漏、透」之狀，又富天然玲瓏之美，人見人愛。

蒲翁對園林石形象之形態別具鑑賞，更獨具慧眼。現珍存於蒲氏故居的四塊大型太湖石，奇秀蒼然，磊落雄偉，當年蒲翁依其造型之奇，為其命名為「山、明、水、秀」。其意境之美，內涵之深，使人心往神馳。

在蒲老先生的筆下，雅石亦成了他寫鬼寫妖，刺貪刺虐，懲惡揚善的創作素材。作者在《石清虛》一文中借石敘情，頌邢氏人品之高尚，鞭撻封建惡勢力之殘忍，抒發對人生遭遇的滿腔孤憤，深刻揭示了封建社會的罪惡本質。

更使人敬慕的是，蒲老先生還對雅石之產地、成因、特色等作了深入的探討與研究。在其撰著的《石譜》中，詳細記載了100多種雅石的產地、形態、色澤、聲韻及鑑別方法，如此石書佳著，堪與宋代杜綰所著的《雲林石譜》媲美。

據藏石家鄭來田先生考證，《石譜》書稿為蒲翁後人所珍藏，後落於同族蒲介人手中。1870年（清同治九年），由介人帶往遼寧，現珍存於遼寧省圖書館。

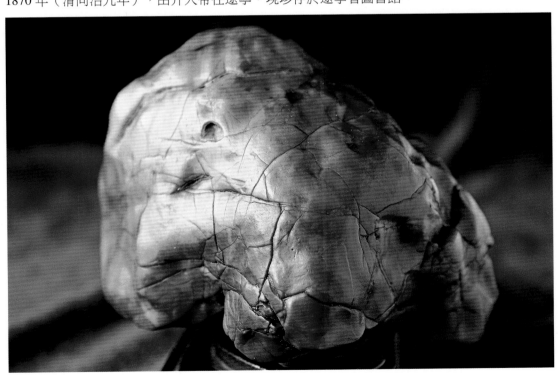

沈泓藏石

吳昌碩借石「玩玩」

　　現代畫家程瑤笙，也是一個石癡。一天，他和學生陳覺在上海五馬路古玩市場閒逛，無意中發現一供石，高三四米，玲瓏剔透，彷彿訇然雲起，於是久觀而不忍離去。問其價，古玩商知其酷愛，故意抬高價格，程也只好照價買下，雇一輛人力車，把那尊供石搬上去，自己步行，與學生左右護衛供石到家。

　　從此，他整日對其凝思入神，幾忘茶飯。

　　不料幾日後，著名畫家吳昌碩來訪，看到這供石後，驚羨至極，連忙說：「這好東西應該大家玩玩。」說完就到街口雇了輛人力車，把石頭運回家中玩賞，直到吳昌碩要搬家，才將供石送還。

冒辟疆、董小宛和水繪靈石

　　在杭州西湖畔，有一塊靈璧石──「水繪靈石」，古拙奇崛，是明清之際才子冒辟疆和

沈泓藏石《民國名人》

名媛董小宛的愛情見證。此石橫 70 公分，縱 50 公分，具備傳統賞石「瘦、皺、漏、透」的特徵，且氣象雄健，極為難得。據說，最初為冒辟疆藏於其水繪園，又陳設於董小宛房內。

清光緒 23 年，該石為西泠印社首任社長吳昌碩所得，珍愛無比，親自在石背銘刻道：「山嶽精，千年結，前歸巢民（即冒辟疆）後（苦鐵即吳昌碩）。」當吳昌碩遷居上海時，又將這沉重之物帶到了上海。直到上世紀 50 年代，吳昌碩先生後人將此石捐贈西泠印社。這恐怕是存世僅見的吳昌碩親自銘刻的奇石。

沈鈞儒與「洞天岫」

藏雅石以賞自是一法，但也有不以擷奇為樂趣的，僅把石頭當作行旅的記憶、朋友的紀念、情懷的寄託，沈鈞儒先生即是一例。

杭州翦淞閣藏石中有一方沈鈞儒「與石居」舊藏的「洞天岫」，非常引人注目。此石黝黑潤澤，玲瓏剔透，是少見的黑太湖石。該石紅木底座上有一段銘文，是當時北方大藏石家張遠輪將此石贈送給沈鈞儒時所題。他說：「鈞儒公好石，取其堅……予贈別有洞天石，以增其輝。」看來沈鈞儒也是藏石頗豐的。

沈均儒把自己的書房稱作「與石居」。在沈鈞儒「與石居」的書齋裏，無論書架、書桌、窗臺上，俱擺滿了各種大大小小的石頭。他在每塊石頭上都標有小卡片，記明這是何時從何處拾得的。郭沫若先生曾寫詩贊道：「磐磐大石固可贊，一拳之小亦可觀；與石居者與善遊，其性既剛且能柔……」

洞天岫

沈老自己曾寫詩說明他愛石的情由——「吾生尤好石，謂是取其堅，掇拾滿新居，於焉為榜焉。」這就是玩石者的高境界：石格與人格的相諧。

我們即使沒有沈老那樣的品位、品質和品格，但有幾塊雅石或醜石相伴，也可使生活增添無窮的樂趣。此為玩石之趣也。

張大千與「梅丘」共眠

享譽世界畫壇的現代畫家張大千也酷愛收藏雅石。他客居美國洛杉磯時，曾在海灘上發現一塊宛若一幅臺灣地圖的巨石，張大千視為珍寶，題名「梅丘」。

1978 年，大千移居臺灣，友人將這塊巨石運到臺灣大千「摩耶精舍」，置放在「聽寒亭」和「翼然亭」之間。而在他的故鄉四川青城山，也有「聽寒」和「翼然」兩亭，其間也有塊「梅丘」石，看來張大

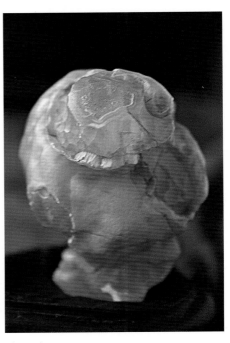

沈泓藏石

千愛石是用以寄託一腔故園山水之情。

張大千逝世後，人們將他安葬於「梅丘」巨石之下，這正如他生前所吟：「獨自成千古，悠然寄一丘」。

寫不盡的名人雅石故事

古往今來，有數不盡的名人與石頭結下不解之緣，就在於石頭橫生的妙趣。他們愛石、藏石、玩石、喻石，把一腔熱情傾注於石，石養天年而其樂無窮。

明朱元璋與清乾隆都供拜石頭，歷史上文人墨客尋石、賞石、藏石、吟石、以石會友之風非常盛行，出現了不計其數的關於園林石的詩、詞、歌、賦。

明朝很多畫家都是著名石迷。如明朝沈周為名石「小釣台」的所有者。

清朝收藏雅石的文化名人可能沒有明朝的癡情，然而清朝文化名著的作者大多都與石有緣。《紅樓夢》原名即《石頭記》，作者曹雪芹人生坎坷，寄情思於奇石，書中不時有細膩的「玲瓏山石」描寫。

名畫家徐悲鴻也是一位雅石收藏家，他由南京避難大後方前，特將雨花石藏於庭院土中，數年返回後，卻不見芳蹤。

張大千、梅蘭芳、老舍等藝術巨匠都是賞石大家，郭沫若曾題詞讚賞雅石「寧靜，明朗，堅實，無我」，道出了石之品格。

北京頤和園，上海豫園，蘇州寄暢園、留園、拙政園、獅子林，等等，千百年展示著園林石的美感，同時也書寫著雅石和名人的故事。

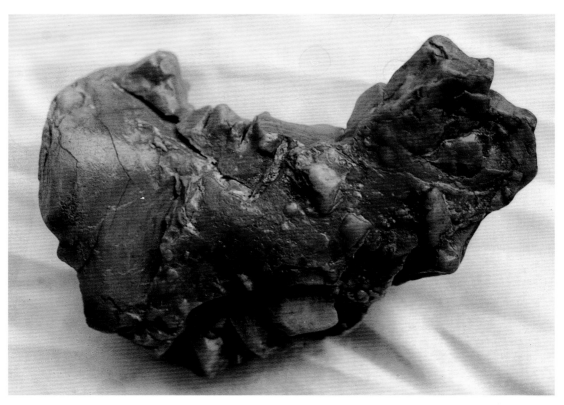

異獸

第八章
雅石的形成

洞庭山下湖波碧，波中萬古生幽石，
鐵索千尋取得來，奇形怪狀誰得識。

—— 唐・吳融

王承祥藏黃河石　　　　　　　　　　王承祥藏黃河石

　　一些雅石收藏者談到雅石，可以從觀賞的角度談到很多觀點，可是要問到雅石的成因，十個就有六個講不出究竟。

　　唐代吳融的《太湖石歌》中生動描述了雅石的成因和採尋方法：「洞庭山下湖波碧，波中萬古生幽石，鐵索千尋取得來，奇形怪狀誰得識。」不過，此詩沒有從科學角度解說雅石成因。直到目前，關於雅石的形成因由和過程，各家仍是眾說紛紜，還無統一定論。其中最有代表性的是胡家燕和孟昭賢兩位著名專家的觀點。

胡氏觀點：形成於風化搬運

　　地球是由地核、地幔、地殼三部分組成，地殼平均厚度 20 千米，約占地球半徑三百分

之一，地殼可分為陸殼和洋殼，陸殼厚度約 30 千米，包含玄武質岩層、花崗質岩層、沉積岩蓋層三部分，在不同地質引力作用下形成不同礦物、岩石類別的雅石。

雅石藝術在我國源遠流長，歷史悠久，但限於諸多歷史原因並未得到順利發展。隨著我國改革開放的深入，各種領域裏新的思潮和文化給雅石藝術又重新注入了活力。所以，搜石、收石、藏石和玩石以及市場交易又突然興起了一股難抑的浪潮。

這裏，對雅石外形成因作一初步探討。胡家燕認為，在漫長的地質歷史長河中，逐步形成各種類別雅石。地球深部經歷了岩漿分異作用、結晶分異作用、同化混染作用，形成了不同礦物系列的岩漿岩。母岩經過風化作用、搬運作用、沉積作用、成岩作用形成各類沉積岩，沉積岩占地表面積 70%。變質作用是在溫度、壓力、化學活動性流體的綜合作用下，使早已形成固結的各類岩石重新改造形成變質岩。

雅石以自然美為特徵，岩石風化作用、搬運作用過程塑造了雅石自然之美。風化作用可分為物理風化作用和化學風化作用，搬運作用是風化產物被介質水、風、冰、生物等搬遷帶走，物理風化作用使岩石產生機械破碎，化學風化是在氧化、水解、溶濾作用下岩石產生分解。

雅石主要來自地球，由各種礦物、岩石組成。來自宇宙的隕石，由隕石礦物組成，相對含量甚少。結石類由結石礦物組成，形成於人體內及其他動物體內的不同器官中。動物、植物、藻類化石是由礦物交代、充填保留下外部、內部特徵。江、河、湖、海中珠、螺、蚌、珊瑚也是由有機質及無機礦物組成。因此雅石類別的劃分應歸屬岩石學、礦物學範疇。

孟氏觀點：五大成因

孟昭賢認為雅石的形成有如下幾個原因：

1. 水成：凡經地下水或是地表水（不論是以動態水或是靜態水）作用所形成的各類雅石，皆可稱為水成雅石。

2. 火成：凡雅石石質來源多以火山、岩漿活動及各類變質作用為主者，皆可稱為火成雅石。

3. 風成：凡外部形成為風沙所吹蝕和磨礪者，皆可稱為風礪石（不論其石質成分如何）。

4. 古生物化石類：包括史前生物遺骸和活動遺跡等。

5. 各種天外隕石和事件石及不可多得的稀珍石：該類雅石在眾多的雅石中是最少有、最稀貴的，因而就不必去刻求其造型和大小。

王承祥藏黃河石

水成作用

通常是以含二氧化碳的水和地表由植物所產生的有機酸及其他礦物所衍生出來的無機酸共同作用在富含碳酸鹽質的岩石上，經過腐蝕性化學作用，從而在岩石上沖刷和腐蝕出各種各樣的空洞、披麻狀的溝紋……如大湖石、英石、墨石、文石，等等。

或因如上作用，水將鈣質溶解在水中

礦物晶體類雅石成因

　　礦物晶體，作為雅石中的一大類別，在收藏、觀賞、評析、交易等諸多方面與傳統的岩石類雅石有較大的不同，有著它自身的特點。

　　上海的礦物晶體研究者盧爾莊說：「總體來說，自然界中晶體礦物的產出較之岩石類的存在，數量是少之又少的。」座座大山可以幾乎全部是岩石構成，而礦物晶體只是偶見於窄小的洞穴中或者地下深處。

　　晶石類中諸如水晶、方解石、黃鐵礦三類，我們似乎見到的也不少，而且有些晶形碩大、晶體成簇，那是因為它們的化學成分是二氧化矽、碳酸鈣、硫化鐵，這些礦物的造礦元素在地殼中的豐度相當高，生長條件又不「苛刻」，就讓我們見到得相對多了些。然而有成百上千種的金屬礦物及另一些非金屬礦物的結晶體，自然界就很難找得到，於是乎它們就成了少見的晶體類雅石，其中有些被人們作為寶石了。

　　鑑於此，在礦物晶體類雅石在收藏、評析中除了通常觀賞雅石時看到的整塊石體的造型、色澤外，礦種的珍罕性成為主要的評價指標。一方核桃大小、甚至更為小的稀有晶體可以比幾十公分大小的水晶、方解石晶簇貴重得多。

一柱擎天（沈泓藏黃水晶石）

廣西雅石的成因

　　近幾年來，廣西雅石蜚聲海內外，從早期開發的墨石、彩霞石，到近 10 多年來紅河石的發現，是我國雅石熱興起的一個標誌。其中備受海內外雅石愛好者和藏石家青睞的有天峨石、馬鞍石、來賓石、大灣石、三江石、國畫石、大化石等。在一個省區、一個地域範圍內，發現如此眾多受大家喜愛的奇石，這在全國是少見的。

　　廣西的雅石研究者張士中分析了這一現象，認為廣西地處南華準地台的西南部，各時代地層發育齊全，出露良好，沉積類型多種，岩漿活動頻繁，變化殊異，這為雅石的形成提供了十分有利的基礎條件。

　　從上元古界一直到第四系，各地層都有，這使廣西雅石的形成幾率高。如上元古界合桐組（距今約8.2億年）沉積了半深海相的細碧岩、矽質岩以及碧

沈泓藏廣西紅河石

玉岩等，這是形成「三江石」的原岩；上古生界二疊系（距今 2.6～2.3 億年）沉積了盆地相的矽質岩、矽質葉岩等，這是形成廣西多種名石的主要地層，馬鞍石、來賓石、大灣石、陽圩石、國畫石、大化石等均出自這一層位。

最重要的一點就是目前廣西發現的多種雅石，特別是品位比較高的如三江石、馬鞍石、來賓石、大灣石、國畫石、陽圩石、大化石、天峨石等，均與其原岩所在地質時期受岩漿侵入或噴發作用有密切關係。

廣西各類雅石的形成，還有良好的地理環境。

首先是有一條從西北到東南橫跨全區的紅水河，它的特點是水流急，落差大，河床寬窄不一，常帶大量泥沙，對岩石的沖刷大，河床也深，一般中大型石搬運不太遠。千萬年來石體都浸在河水中，任水流沖刷，水中的礦物質對堆積在河床中的石塊起化學作用（俗稱「水鍍」），使石膚的色彩潤澤度甚佳。

另外，廣西地處亞熱帶，岩石出露一般較好，同時，雨量充沛，寒暑明顯，對岩石的風化沖蝕作用強，使得形成雅石的石種其質地絕大多數非常優良，具有良好的收藏價值。

長江石成因

長江石的產地很大一部分在四川境內的大江兩岸。根據地質學家考證，長江中上游主要分佈在四川盆地及其西部地區，該區流域分佈著沉積岩、火成岩、變質岩，地質構造複雜，地貌崎嶇，主幹支流發育充分，從而形成了現在的長江道江岸。其上游高山的山石經過自然風化，河水搬運，水打沙磨，形成了現在色彩豐富、花紋奇特、品種繁多的長江卵石奇石。

相思少女（沈泓藏草花石）

沈泓藏梅花石

　　長江石資源豐富。據有關專家粗略統計主要石種大類就有 20 多種，大都以色豔、質細、意妙、形奇為其特色，富有極高的觀賞價值。

　　長江石中的梅花石別具一格。它們有的瘦骨冰姿，有的寒香冷豔，有的暗香浮動，有的風起南枝，有的疏影橫斜，有的含笑報春，一石在手，讓人愛不釋手。

　　長江石中的葡萄石，被外來石友譽為「拳頭產品」。它圓潤光潔、晶瑩可愛，色彩多樣。特別是其中的綠色葡萄石，被稱為綠珍珠，尤為可貴。

　　在長江石中，長江星辰石更為奇特，別具詩情畫意。有月上柳梢，有海上明月，有皓月當空，有月照灘頭，僅聞這些名稱，就讓人有無限遐想。

　　長江星辰石多產於四川瀘州，亦稱日月石、月亮石、太陽石等。顧名思義，長江星辰石因石面上出現日、月、星或雲彩等圖案而得名。此類石因圖案清晰、色澤好、形態美、意境深邃，深受奇石愛好者喜愛。

　　長江星辰石主要由沉積變質岩形成，少許係火成岩形成。奇石上的日、月、星等圖案是如何形成的呢？很多雅石愛好者進行了研究，其中以徐紹民的研究成果較為接近實際。據徐紹民研究分析，長江星辰石的成因可以從以下幾方面來分析。

　　一是原生沉積岩因單層顏色不同而成。

　　一般原岩沉積時，礦物質顏色不同，沉積環境包括水介質溶液、氣候改變以及其他礦物元素參與的原因，導致岩層中的每個單層（小層）的顏色帶各異，有的兩個相鄰單層顏色截然不同，因此在卵石上常出現不同顏色圖案及紋理。又因卵石磨蝕的方向是任意的，且多帶弧形，故易形成大小不同的圓形或橢圓形即日、月、星等圖案。

　　這類圖案有兩種類型：一是日、月、星等出現在同一岩層面上，這是具有鮮色的薄岩層，四周被磨蝕掉，僅保留在卵石中間一個或兩個不等的圓形及任意形圖案；二是在單層內獨立出現不同顏色的圓形色圈，此乃沉積時它種色素參與而被岩石礦物顆粒所吸收改變了原有顏色所致。第二種類型較多。

　　二是岩層單層形狀（由顏色及礦物質顆粒度大小而更換）不同而形成。

　　原岩沉積時常形成有扁豆狀、眼球狀、藕節狀、結核狀等不連續的沉積岩層，此類岩層成岩後，其岩塊被河流水長期搬運磨蝕，結果那些不同形狀（由色等改變）的形體（圓、橢圓、不規則形）圖案就出現在卵石表面上了。

　　三是原岩（含火成岩）因地質構造作用，某種次生脈石（石英、方解石等）侵入而成。

　　到底長江星辰石是如何形成的，尚待繼續研究論證。

貴州為何多雅石

　　貴州崇山峻嶺，綿延千里，南北盤江、清江、烏水江萬年流淌，發育完全的喀斯特地貌舉世聞名，其間蘊藏著無數色、形、紋、質俱佳的貴州雅石。貴州雅石種類繁多，儲量豐富，古生物化石形態逼真，古拙古雅；礦物晶體五光十色，晶瑩剔透；造型石惟妙惟肖，神形兼備；紋理石紋彩奇特，意境空靈。

　　貴州雅石分為岩石雅石、礦物晶簇、生物化石、石雕藝術等幾大類。因形狀、顏色和產地不同，又可分為盤江石、國畫石、葉蠟石、貴州墨石、紫袍玉帶石等富有貴州特色的雅石。

　　貴州千奇百怪、渾然天成的雅石，融東西方雅石、藏石的審美情趣於一爐，幾乎涵蓋了雅石的各種石體。而最讓人陶醉、心動的還是貴州的水沖石。貴州的雅石鑑賞家劉志成研究貴州雅石的特點，得出此語：「如果將柳州水沖石（大化石）比作珠光寶氣、濃妝豔抹、氣質高雅的貴夫人，那貴州水沖石的精品則是冰清玉潔、不施粉黛、天生麗質的純情少女。其水洗度極佳，具有含蓄恬靜的美感。」更為難得的是，貴州水沖石中的象形石，在那山巒起伏、水網縱橫的奇特地理環境中，歷經落差巨大的湍湍急流千萬年沖刷洗禮，出落得具象傳神，讓人感歎大自然的神奇造化。

　　貴州有「礦物晶簇王國」的美稱，已探明的礦種達 104 種之多，有水晶、螢石、石英、文石、石膏、重晶石、方解石等晶簇。譽滿全球的絕貨精品———辰砂、輝銻礦和雄黃晶體，就產自黔山秀水中。1980 年在貴州萬山汞礦區發現一顆淨重 237 克的巨大辰砂晶簇，精美絕倫、極為罕見，奇特的是辰砂晶簇一側伴生一塊白雲石晶體，紅白相間形成強烈對比，更襯出晶簇的名貴美麗，被稱為「辰砂王」，現由中國地質博物館珍藏。

　　貴州還有「古生物化石王國」之美譽，眾多古生物化石不斷被發掘。其中以凱裏動物群、興義貴州龍動物群和關嶺海百合等化石名震天下、獨具特色，令人歎為觀止。貴州龍堪稱我國 20 世紀古生物考古的重大發現，其發現過程純屬偶然。

　　1957 年北京地質工作者胡承志（現為地質礦產部博物館研究員）從雲南到貴州，途經貴州興義市頂效鎮綠蔭村，在村子裏歇息。他在農家的一棟石板房的石頭上無意中發現了一種動物化石，感到十分驚奇，便在當地農村走訪，瞭解到當地的岩層裏面有這種化石，於是撬下幾塊帶回北京，經由國家古脊椎動物研究所鑑定，認為這是世界上首次發現的新龍種，命名為「貴州龍」，又叫「胡氏貴州龍」。

　　貴州龍是生活在距今 2.4 億年海洋裏的一種爬行動物，個體最長約 33 公分、寬約 7.6 公

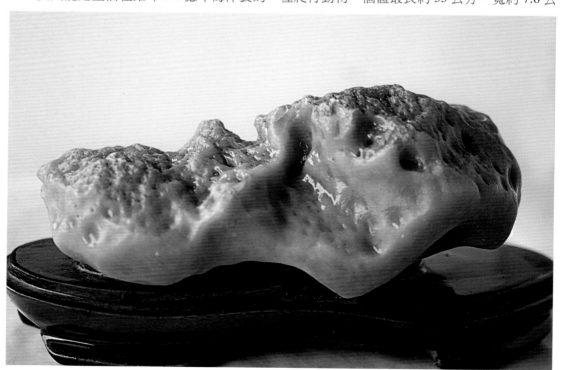

沈泓藏石

分，小的長寬僅有幾公分，比人們熟知的恐龍要早一億幾千萬年，個體也小得多，堪稱恐龍「老祖宗」。

海百合是生活在距今 2.2 億年的三疊紀中世淺海底部的一種棘皮動物，一端固著在海底，另一端伸出羽肢捕捉食物。因其外形像百合花，故名海百合。海百合在貴州黔中地區蘊藏十分豐富，有長達數十裏的剏孔海百合化石地帶，國內外極為罕見。

貴州其他古生物化石有名的還有鶚頭貝化石和三葉蟲化石。

鶚頭貝化石，是一種腕足類的動物化石，生於距今 3.8 億年的泥盆紀中世，因其形狀像鶚（一種兇猛的鷹）的頭故名鶚頭貝。

三葉蟲屬節肢動物，生活在距今大約 5 億年的海洋底部，其個體一般長數公分，最大的可達 70 公分，小的長僅幾公分，頭部背面多具複眼和聚合眼，腹部的第一對節肢為多節組成的單支觸角，觸角之後又為雙支組成的節肢，其化石是古生代地層年代鑑定的重要標準化石之一。三葉蟲化石整體畫面生動，遺骸栩栩如生，視覺效果極佳。

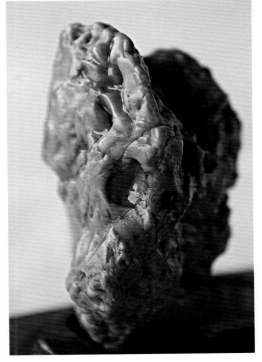

沈泓藏石

在迄今為止已舉辦的數屆「中國雅石展」上，貴州雅石獨具魅力、頻頻獲獎，在雅石界有著舉足輕重的地位。有人寫文章說：「混沌乾坤的變幻使遠古汪洋澤國變成了莽莽高原，其間沉積了多少彌足珍貴的古生物化石；喀斯特奇妙的地形地貌形成了無數神秘的洞穴，其中隱藏了多少瑰麗炫目的礦物晶簇；大自然的鬼斧神工則造就了千姿百態、奇特絕妙的俏石靈璧；世世代代在這塊土地上繁衍生息的山民又創造了巧奪天工的石雕精品和美麗動人的傳說故事……所有這些，構成了古樸、渾厚、凝重的貴州石文化現象，形成了一道觀之令人陶醉、賞之心曠神怡的石文化風景線，也使貴州雅石積澱了豐厚的文化內涵。」

雅石的形成是一門科學，然而雅石收藏和鑑賞又是一門藝術，是一門有著悠久歷史的東方藝術。

瞭解雅石的成因，有助於我們從科學的角度瞭解雅石，有助於我們把握雅石的收藏價值，並樹立鑑賞的理性觀念。目前，雅石收藏家注重的多是收藏方面的知識，雅石鑑賞家注重的也多是感性的審美經驗，而對雅石成因之類的科學知識卻忽略了，因此，學習雅石的成因是雅石收藏鑑賞的重要課程，也是我國雅石收藏界與國際接軌的一個重要內容。

第九章
雅石收藏圖快樂

老藤遠屋龍蛇出，怪石當門虎豹眠。
我亦蛙鳴間魚躍，儼然鼓吹小山邊。

——清·蒲松齡

　　有人說採石是「拾起大自然散落的美，留下人世間永恆的愛！」美和愛，帶給雅石收藏者的是快樂。

　　雅石收藏的快樂在雅石收藏的全過程中：先是採來雅石，然後配座、點題，供入居室，或置於幾端，或置於博古架，然後是欣賞那無言的詩，立體的畫，凝固的音樂，美好的氛圍縈繞家中，平添幾分雅致。朋友來了，觀賞雅石藏品，增加高雅話題，豈不快哉。

　　與石同居、同眠、同樂，是人類古老的本性，也是人類的新時尚。

沈泓藏石

覓石之樂

　　雅石乃縮景藝術，山水國畫有「橫三尺之幅，體百里之趣」之說，雅石則更為直觀，「試看煙雲三山之外，盡在靈石一掌中。」覓得一件好的雅石，就是一種發現。

　　它們原來在山野河灘，在戈壁荒漠，人們視若無睹，是你慧眼獨具，發現了它的價值，使它登堂入室；是你展開想像的翼翅，賦予它豐富的內涵，深邃的意境，化腐朽為神奇。所以有人說：「收藏字畫、收藏郵票，只是欣賞別人的創造，收藏自己覓來的雅石，既是欣賞大自然的鬼斧神工，也是欣賞自己的發現和創造。」

　　雅石收藏家吳彰收藏有一塊「子母猴」雨花石，原本沾滿泥土，初選時未發現有什麼特別，隨意拋棄在陽臺。閒暇把玩，剔除石上泥土，不經意地發現凸凹間如同猴子的額頭，進而發現中間部分也有造型，

猶如一隻小猴依偎在母猴懷中。他將此石清洗乾淨，栩栩如生的一座子母猴雕塑呈現在眼前。這種發現的歡樂，長久地在身上激蕩，會激發你的創造熱情。

覓石之樂不僅在採集雅石中，而且在市場上也常常可以享受到覓石之樂。通常石商都具有一定眼力，能分清佳石和常品，故而佳石往往索價高昂。而有些售石者並不識石，其普通石品也多，但偶爾也有佳石，因售者不識，識者以普通的價格就能買到。此時，收藏者心中必然如同河灘揀到美石一樣，充滿了快樂。

然而，有樂就有憾，覓石過程中也有很多遺憾，上海雅石收藏家伍貽祿談到他的覓石之憾在於：

一是一石觀其大部皆精到，唯明顯處有敗筆甚礙眼；

二是苦尋窮覓無所獲，致使灰心喪氣；

三是遇中意之石，他人剛上手而又無釋意；

四是逢絕佳極美之石價奇昂，財力遠遠不濟；

五是見美石碩大而巨，歎居室局促不容置而放棄；

六是聞有佳石專程而訪，至其處已易他人之手。

正是這些遺憾，激發著雅石收藏家更加勤奮地到處尋找佳石。所以，覓石之憾正是覓石之樂的另一面，覓石之憾之餘就是覓石之樂。

賞石之樂

觀賞博古架上千姿百態的雅石，思緒在石頭王國裏遨遊，猶如聆聽一曲曲清幽高潔的樂章，使人心境明暢、豁然開朗。

正如雅石收藏家吳彰所言，進入雅石收藏之境，「你會覺得，你收藏的不是一件件冷硬的石頭，而是收藏著一份心境，收藏著一種快樂。」

面對那些美麗圖紋的風景石，就像面對大自然寧靜的山野景色，綺麗的田園風光盡收眼底。可見隱約於松間的明月，可見流瀉於石上的清泉。雖然足不出戶，卻可聆聽大海洶湧浪濤交響的輝煌樂章，心底溢出一種欣喜，湧出一股暖流。

雅石收藏家吳彰遊覽蒼山洱海時購到一塊大理石，酷似一幅水墨山水畫，山峰的周邊抹上一層淡淡的金黃，就像夕陽眷戀著青山，把餘暉拋灑給千山萬嶺，它把「山色淺深隨夕陽」的意境，刻畫得如此生動。每次端詳這塊雅石，飽覽大理迷人風光的情景，恍如昨日。故此，吳彰感慨地道：正是已看山中石，更看石中山。

覓石藏石就有這種功效，它記載著你暢遊湖山之樂，喚起你美好的記憶。

雅石收藏家伍貽祿總結他收藏雅石的一些經驗，賞石之樂只需玩賞自己認為的有味之石，皆可玩，無

沈泓藏石

沈泓藏石

王承祥藏黃河石

橫看成嶺側成峰（沈泓藏石）

須顧及他人褒貶。

豔麗絢爛之石可玩，素潔淡雅之石亦可玩，古樸凝重之石更可玩。

單色石意味各具可玩，複色石紋彩紛呈亦可玩，肌理石詭譎窮變、幻化無限更可玩。

恣肆奇崛之石可玩，端莊沉穩之石亦可玩，內涵蘊蓄之石更耐玩。

僅喜歡某種風格之石，謂之偏愛；偏愛某種風格之後而貶及其餘，實乃偏見。

如此看來，賞石之樂培養的是一份自由獨立的精神和海納百川的寬容胸懷。

探討之樂

雅石具有沉穩凝重的品格，給人恬淡寧靜的薰染。我們每天緊張忙碌，心弦緊繃，外界的種種誘惑常使人過於投入，種種喧囂常使人煩惱。覓石賞石便是緊張生活的一種緩衝，使人在清靜自娛中得到閒適的雅情別趣，得到一種無上的享受。

閒暇時光，邀幾位知友，品石賞石，談天說地，那真如飲佳釀，如品香茗，如賞名畫。你如數家珍，述說覓石、購石的經歷，暢聊相石的過程，介紹石中的豐富內蘊，朋友或為你的意外發現擊節讚賞，或為你的佳妙命名會心一笑，或並不贊同你為雅石的題名而別出心裁另題佳名。

朋友間互相切磋，互相討論，共同陶醉在雅石營造的詩情畫意之中，猶如一起進入一個其樂無比的精神樂園。就是原來不藏石玩石的朋友，受到你的感染，也興味大增，躍躍欲試。此時，朋友快樂，你也快樂。誰最快樂？自然是你。

雅石收藏家吳彰感慨地說：「欣賞雅石，既收記遊之樂，又收滌慮之樂；既收發現之樂，又收娛友之樂。」

前人有讀書樂名句，借用它，改它兩字，正是：「賞石之樂樂何如，綠滿窗前草不除。」

求證之樂

「我發現了一個恐龍蛋化石，CT掃描後，裏面像極了一個『胚胎』！真有的話，豈不是還能孵出個小恐龍來？」

浙江嵊州的汪劍雲先生對杭州日報社記者的一番充滿想像力的描述，大吊記者胃口：難道 6500 萬年前的恐龍蛋至今還會有喜？

2002 年 8 月 17 日早上 7 時 40 分，汪劍雲坐上了嵊州駛往杭州的快客，懷揣著他的寶貝，生怕磕磕碰碰撞壞了。兩個小時後，他跨進編輯部時，才舒了一口氣。

汪劍雲從懷裏掏出一個紙包，撥開塑膠袋、布袋、薄膜等五六層包裹，這個恐龍蛋化石才「見了天日」。這是一個土紅色的化石，像一個縮小了的橄欖球。記者認真地給它做了個「體檢」，長徑 105 毫米，短徑 90 毫米，重 675 克。記者把它平放在手中，往前一推，往後一縮，蛋內似乎有一股液體在搖晃，有點像搖生雞蛋的感覺。

汪劍雲發現恐龍蛋化石，他說是一種石緣。

2001 年 9 月，浙江嵊州市區羅柱嶴工業園區，一陣炮響，一座 70 多米高的山頭被劈成了兩半，也滾出了恐龍蛋化石。酷愛雅石收藏的汪劍雲，遠遠地就聽到了一個召喚。他飛奔過去，在紅砂岩裏認出了恐龍蛋化石。「當時，有 3 枚恐龍蛋化石，我撿到了其中的一枚，另兩枚被兩個外地民工撿走了。」

好奇心加上同事的鼓動，汪劍雲把這枚化石送到了嵊州市人民醫院做 X 光檢查，發現有液體在晃動。醫生建議做個 CT，奇怪的是，幾幅圖像顯示極像「恐龍胚胎」！

這個結果讓汪劍雲興奮不已，他開始憧憬著化石裏能有什麼驚人的發現。雖然家裏已有好幾個恐龍蛋，但這個顯然是最珍貴的。汪劍雲用好幾層塑料袋包裹它，再用玻璃罩把它罩住，不讓它遇到任何不測。

這個消息一傳十，十傳百，也成為了雅石收藏愛好者圈子裏的大新聞。汪劍雲透露，曾有一位杭州的收藏者願意出 5 萬元高價收購這枚化石，但他不捨得賣掉。

半年後，蛋內的所謂「胚胎」是否還「發育」完好？一位報社記者陪同汪劍雲來到杭州省立同德醫院，給恐龍蛋化石再次做了個 CT 檢查。

經過電腦分析，影像中心最黑的區域，CT 值在

沈泓藏石

沈泓藏石

–915HU 左右，內壁不均勻，平均厚度約兩公分，其密度很高，CT 值在 2623～2816HU。奇怪的是，還有一種呈灰色的不明物質，CT 值在 70HU 之間，難道這就是有機物？

在燈光下，醫生看著膠片，認為從醫學角度分析，CT 值 –915HU 的那部分，很有可能是空氣；2623～2816HU 那部分是鈣化物；至於那些 CT 值在 70HU 左右的部分，他懷疑是液體或軟組織。

「蛋內有液體」的發現讓記者和汪劍雲按捺不住激動，餓著肚子，直奔浙江省自然博物館。

在會議室，副研究員杜天明拿在手上翻轉了幾下，「這的確是個恐龍蛋，產自灰色沙礫岩中，而且外表比較光滑，層理清楚，這是嵊州市發現的恐龍蛋的特徵。」輕輕一搖，「蛋內有物質在晃動」。

杜天明坦率地說，此前他沒有發現過恐龍蛋內有液體。從 CT 上計算出來的密度看，可以排除方解石的可能性，但是否真的是蛋清之類的有機物，要到中科院古脊椎動物與古人類研究所作進一步的分析。

浙江大學理學院地球科學系副教授王兆良則認為，這種液體極有可能是地下水，從蛋隙中滲透進去，溶解了蛋壁上的岩分而形成的，有機物的可能性還是不大。

不管怎樣，這枚化石刺激了收藏者的探索的興趣和求證的慾望，這一切都帶給收藏者求知的快樂。

如何獲得收藏之樂

有些人收藏雅石是收藏快樂的，有些人收藏雅石是收藏煩惱。關鍵是要有平和的心態。

沈泓藏石

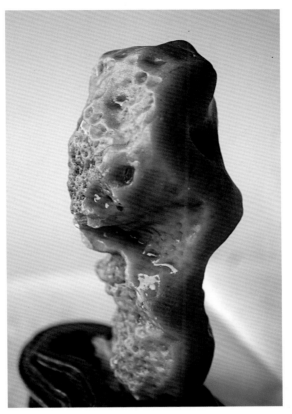

沈泓藏石

如何獲得雅石收藏之樂呢？這裏大有講究。

　　首先，收藏雅石要忌諱惰性。收藏是一門博大精深的學問，專業性很強，涉及面很廣，需要豐富的綜合知識和持之以恆的精神。在收藏界，沒有人隨隨便便能夠成功。有了惰性，就離快樂遠了。

　　其次，避免花心和雜心。有了花心和雜心就會有貪心。一是貪多求全，二是貪婪。前者不明智，後者不健康。藏品很多，收藏無止境。而一個人的精力、財力是有限的，不可能把所有的藏品都據為己有，貪婪就更要不得了，好藏品到處有，不屬於自己的不能強求，更不能不擇手段地掠取。當然，對收藏和藏品的癡迷是必要的，要處理好貪與不貪的辯證關係。

　　再者，有的雅石收藏者有了點小成績就洋洋自得，到處炫耀。收藏者尋求珍罕，追求完美，是很正常的。但如果為了名利，過分宣揚自己的藏品，就未免太膚淺了。從事收藏，虛榮心太強，是自套枷鎖，自尋煩惱。被名利所累，是沒有出路的。

　　有些收藏者過分執著某一石種收藏，而輕視甚至貶低其他收藏項目，這種唯我獨尊的態度是很狹隘的。收藏門類都各有所長，各有其價值和市場，而且也不是孤立的。有些藏友明白了這一道理，同時在好幾個收藏領域裏有所作為，就是得益於它們的互補性和互相促進。

　　雅石藏品很嬌貴，收藏時容不得半點馬虎，一旦摔壞，收藏之樂就失去了。同時，養石也必須認真、細心，因為稍有閃失就有可能造成損失。另外逛雅石市場時，更要小心謹慎，防備假冒偽劣，防止上當受騙。一旦上當受騙，不僅心態破壞了，情緒上也不會有快樂。

第十章
如何收藏雅石

覓石行千里，採石納百川。
品石修慧眼，玩石終身緣。

——佚名

　　我國玩石藏石之風可謂自古有之，它始於漢代，盛於唐宋。收藏雅石主要是採石，中國採石是隨著藏石歷史而開始的。南宋王象之的《輿地紀勝》說，滄茫溪（現枝江瑪瑞河）「生五色石，細紋如瑪瑙，表如玻璃。夏雨過，人競攝拾。」如今，隨著人民生活水準的提高，玩石藏石之風遍及全國，異彩紛呈的雨花石、蠟石、墨石、鐘乳石、彩陶石、大理石、河卵石、古陶石等雅石，紛紛進入尋常百姓家，石玩市場前景廣闊。

　　雅石來自千山萬水，得於億載一時，可見雅石之難得。

雅石收藏在「行到水窮處」

　　雅石收藏全憑一個緣字，一位雅石收藏家說：「石在大地之表，供觀賞者幾稀，億載悠悠歲月，孕育其形美體韻，在其最美身材之時，最美芳容之時與芸芸眾生的您相識而情生，

沈泓藏石

相看兩不厭，真是一緣定。

　　為無緣，石仍蓄養在千山萬水之中，寂寂無語或隨波逐流，或蒙塵垢面，或石沉大海，又不知將歷多少劫難，變其形體，失真美態，化歸平凡而靈氣散失。

　　為君賞識擁入懷中，如女媧補天之遺才，到那昌明隆盛之邦一展風韻，為眾多雅士垂青動心，而其之生、之長則要歷萬劫千災啊！

　　在地殼變動中，或升、或沉、或火山爆發、或造山造陸運動，剝離岩殼，自成形體粗胚，再經多少物理與化學作用，多少氣體與液體之洗練侵蝕，埋於土中軀體受煎熬，露於地表受風吹日曬雨淋，在山之巔滾動下山，在洪水中滾動奔流，平常受溫暖陽光照面，受清涼雨絲輕吻，受潺潺流水愛撫，悠悠漫長之歲月，而得千古之姿容。」

　　天地遼闊，千山萬水間，秀麗景色之名山勝跡並非處處皆是，雅石也不是有山、有水即有，它只在某處一隅，也許是「行到水窮處」，也許是「雲深不知處」。

　　因雅石之難得，吸引收藏者尋尋覓覓去採石，總希望捷足而先登。一旦某地出雅石，則不需多少時日就難見石蹤了。

　　從古代文獻中，我們也可發現一些雅石的蹤跡。如宋代杜綰的《雲林石譜》記載了湖北枝江瑪瑙石的特點：「外多泥沙積漬，凡擊去粗衣，紋理旋繞如絲。間有人、物、獸、雲氣之狀。士人往往求售，博易於市」。

　　查閱舊方志，還可看到枝江另一石種——雅石溪的雅石，「大者如甕、小者如拳，石形或如人、如獸、如物器不一，狀外皆嵌綴小石，累累如舟星。」

　　此外，從白洋沙灣到百里洲劉巷的長江河灘中，也多出奇石。清朝乾隆年間「性靈派」詩人、奇石收藏家張問陶從四川乘船東下，在枝江顧家店的焦岩子得到奇石6枚，肖形極美，十分喜愛，一一命題配詩，傳為佳話。

　　除枝江之外，在周邊縣市中，也有豐富的奇石資源。如長陽的清江河、宜昌的霧都河、遠安的斷江河、興山的香溪河等，都是採石覓石的好去處。

　　找尋雅石首先是循石種的蹤跡而尋。某石種只出現在特定區域內，其他石種雖也有雅石之條件，但是大部分不合乎要求。石種是以硬度質感和色澤為條件，只有一些特殊的石種才具備雅石之可能性，所以探石應先探石種。

　　雅石神逸之品難得難求，有的問世不久而流散不知行蹤。所以有人提出，讓雅石流散於民家不如由文化美術機構或寺廟等大規模收之藏之，傳承於世。億載之功，得於一時，世無匹儔，是國之珍物，藏家之夢想。所以，一旦得緣，應珍惜才是。

從何處獲得雅石

　　很多對雅石初感興趣的收藏愛好者想收藏雅石，然而，又有一個問題困擾著他們：到底該從何處獲得

王承祥藏黃河石

雅石呢？

　　這個問題對於雅石收藏者看來十分簡單，然而對於不得門徑的人卻是一個難題。雅石獲得的途徑主要有三條：一是自己到大自然中採石，二是市場購買，三是與石友交換。

　　雅石愛好者賞玩雅石往往不只是玩一兩塊，而是有一定數量的收藏，平時從自己心態需要出發，時不時替換家中的雅石，閒時有選擇地逐一賞玩，或者與友人交流共玩。

　　目前雅石產地的大中城市或產區現場均有專門商店和石商出售雅石。大中城市一般在花鳥市場中夾有雅石出售，有的是古董市場。如深圳的雅石市場，以前在羅湖商業城，現在在黃貝嶺古玩城。

　　購買雅石最好不要在雅石商店，因商店經營成本高，雅石的標價也高，收藏市場的臨時攤位或遊動石商出售的雅石價格較低，是初級收藏者的首選。

　　與其他雅石愛好者交流要本著平等公正和雙方情願的原則。雅石愛好者一種石一般不只一塊，可透過交流，豐富彼此的石種，也增長見識。

　　此外，還可自行採集。一般來說，收藏雅石到一定程度後，都會自己親自外出採集。

　　採石是一項既能健身又能增加收藏的有意義的活動，它讓你廣泛接觸大自然，盡情享受山河湖海慷慨的饋贈；它讓你在實踐中加深對地質科學的理解，增長豐富的感性認識；它讓你增強體魄、培養耐心、增強毅力、陶冶心性；它讓你以石會友、切磋石藝、廣泛交流。

　　更重要的是，採石本身就是你石藝創作自我意念的表現。當你所得愈廣，所獲愈豐，採集力、鑑賞力大為提高時，你一定會由衷地讚美採石活動，許多藏石家就是從不經意的偶爾採石到癡迷上雅石藝術的。

　　那麼，該如何採集雅石呢？各種不同的雅石有不同的採集辦法，如山石和水石就有不同

從市場獲取雅石

的採集方法。

採集山石前，應準備一份當地盡可能詳盡的地圖，諮詢去過該地採石的石友，規劃好路線，準備好工具和行李，如有私家車，最好是開車去。此外，要瞭解各種不同雅石產地的地質地貌特徵和雅石的成因等。岩石破碎為一定塊度後，經地下水長時期溶蝕，有的就能形成可供觀賞的雅石。它形成後原地保存，並被泥沙埋藏起來，這才能保證不被風化破壞。

要尋找山石類雅石，首先應瞭解該石種的石脈走向，範圍路線也應大致確定。然後到山坡上有形成和保存條件的地段去找，有時在新滑坡處更易找到，因為自然力已為我們扒開了複土層。

採集山石主要採用挖掘的方法，其好處一是可以保存原石的完整性，二是不會破壞自然景觀。露頭石較易挖掘，深藏石則非得有必要的裝備及較強的人力才能動手。

有的石種非鋼鋸、斧鑿不能採取，也應抱著謹慎觀察的態度。首先要明瞭是否違反當地政府有關水土保護之禁令，用硬力採集後對當地自然景觀是否起到破壞作用；其次是採集的部位、角度要明確，大而無當反不如小而精巧。

對江河石的採集又有別於對山石的採集。如卵石、黃臘石主要從河灘、山谷（溪）採集，一般要在枯水期或山洪暴發後的降水期，沿河尋找，有時發現有特點而尚半埋於沙中的還要挖取，也可在建材工人採集河中沙石的沙石堆中找尋。

河流的不同地段，所存石頭的造型差異很大。

上游石系剛從母岩分裂誕生不久，大部分呈多邊多角，幾何形，十分陽剛，石表過於粗糙。

中游石在被水流沖運的過程中，石塊間相互碰撞摩擦，棱角磨得較為柔和，石肌紋理顯示得也比較理想，是江河石採集的最佳地段。

下游石因長久的沖滾磨練，大部分變成圓形或橢圓形，有的已變成沙礫。其中渾圓、紋理清晰的卵石佳品也有不少。

大部分江河石採自於河灘江邊，有時需趟著淺水慢慢尋覓。有的小河一到枯水季節就半乾了，這時就可沿著河底採集。也有的地方在暴雨後反能覓得雅石，這是因為暴雨使得河石鬆動翻滾，被沖向岸邊，露出真容。在小河中覓石要逆水而行，從下游往上游趟水而行，這樣可避免河水混淆影響視線。

有的江河石產於河床，須等水位降至一定部位才能發現。比如紅河石，河床分為三層，其中以第二層為最佳採集物件，只有到每年十一、十二月份水位降落，那些潛伏於水面之下的美石才會露出真容，供人們挑選。

江河石以手撿為主，半埋於河底的石塊可用小鍬小鏟作工具。有的河床石則需用撬、拽、掘的方法，借用的工具有杆棒、繩子、鏟子等。運作時一定要注意不要傷及石膚。

為了得到長年藏於水下的河床石，現在有的地方開始採用穿潛水衣水下作業的方式。

以上採集最好是先向熟悉情況的人調查，不是所有的河灘和石山都出產雅石的，先作調查，可以避免走彎路，尋獲的可能性就大得多。

礦物類雅石在礦山中往往被當作一般礦石送進選礦場或冶煉廠，十分可惜，可同礦區的人聯繫，留心各種晶體或有賞玩價值的塊體礦石，讓礦區的人隨時收集，有一定數量時再向其收購。

如何選擇雅石

找到了雅石的採集地，或找到了雅石交流的市場，下一個關鍵性問題就是如何選擇雅石。

「當然應該選擇自己喜歡的雅石呀！」

剛剛步入雅石殿堂的收藏愛好者會脫口而出。

不錯，選擇自己喜歡的雅石來收藏，這是一條簡單的道理。然而，如果人人都選擇自己喜歡的收藏，也就沒有石展評比中的等級之分了，更沒有市場價從 1 元到數十萬元之差別了。

這就是說，雅石還有一個共同的審美評價標準，個人喜愛只是個人標準，因個人知識和素質不等，標準也有高下之分。作為初入門的收藏者，特別要重視練就選石的眼光，將個人喜愛和通常標準結合起來。

藏石家說，在大千世界的諸多收藏中，雅石的收藏是最具獨特魅力的，這是因為選石本身具有魅力。大自然不會造就相同的兩塊雅石，一經發現，便是獨一無二，有無與倫比的收藏和審美價值。

覓石欲多欲佳，獲得自己滿意的雅石，全仗「三力」：即「眼力、腳力、財力」。

選石之際，有一見即看中者，有細察方知味者，有視而不見者，全仗視角多變，視野開闊。那麼，到底該如何選擇雅石呢？鑑賞家們普遍認為，雅石的收藏價值關鍵在於奇字。

品評雅石，人們在長期玩石中積累了「瘦、漏、透、奇、皺、醜」六字訣，其意謂：石峭清奇、紋理華麗、透漏靈動、自然樸真、醜而不陋，這類石頭就有觀賞和收藏價值。

具體而言，要想快速成為一個具有選石眼光的雅石收藏能手，在選石時可以從以下幾個方

選擇雅石要看細部（沈泓藏）

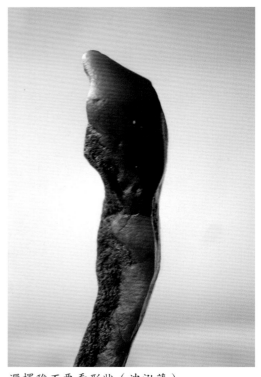

選擇雅石要看形狀（沈泓藏）

面掌握雅石選擇的訣竅。

　　首先，要注重雅石的天然性。天然性就是要求雅石天然形成，保持原始的產出形態。目前市場上的雅石有很多是經過人工雕刻的，因好的雅石資源稀缺，石商只想讓那些不懂雅石收藏的人一看到雅石就喜歡，因此對很多雅石進行了人工加工。如河洛石的魅力就在於上面有一個圓形圖案，宛如一輪太陽，而帶有這樣的圖案畢竟是大自然的鬼斧神工，可遇而不可求，由於這類河洛石受到中外藏石家的喜歡，無數石商石工到洛河已把河床翻了無數遍，符合條件的早已被採集走了。市場供需失衡，石工石商只能求其次，找一些外形較好的河洛石，人工造出一輪紅日從大海升起，甚至比真正的帶圖案河洛石更好看，這使得不明就裏的買家上當。

　　好在這種偽造石因大批量仿造，市場價不高。而一些更獨特的雅石，如名畫一樣，單件精仿，這樣的偽造雅石市場價很高，一旦上當，悔恨不已。

　　所以，把收藏純天然的雅石作為第一條似乎可笑，然而，對於初學者又是十分必要的。不過，這僅是筆者個人觀點。也有雅石論者不認為加了人工痕跡的雅石是贋品或偽造品，甚至有人還讚賞有些雅石雕塑得好，更令人驚奇的是還有人提倡雕琢。

　　但筆者堅決反對人工痕跡，如果加了人工痕跡，或許會是一件審美價值很高的石頭，但它已經不是雅石了，而是石雕或石頭工藝品了。

　　其次，雅石是指具有一定藝術價值的石體，如雨花石、鵝卵石、菊花石等它們來自天然，不假人工，同時它們又有很高的藝術價值和審美價值。

　　雅石的藝術價值和審美價值是由色彩、形態、質地、紋理、圖案、構造特徵等方面體現出來的，妙趣橫生，奇形怪狀，給人聯想的雅石異礦，最具增值潛力。

　　當然，僅僅具有天然性和藝術性還不夠，還要追求稀有性，在具備前兩條的前提下，越是稀有、罕見、難求者，越是價值超群。如我國的黑鎢礦曾一度價格堅挺，但自葡萄牙等國發現大量黑鎢礦晶體後，價格出現回落。

　　所以，雅石收藏要有珍品意識。黃山的雅石收藏家方玉文特別強調了這一點，他說：「說到珍品，人們自然想到質形色紋俱佳的石品。但珍品不僅指珍石，珍品

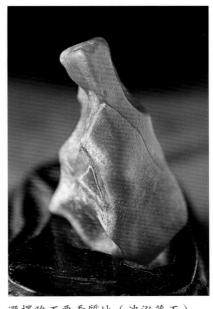

選擇雅石要看質地（沈泓藏石）

選擇雅石要看美感（沈泓藏石）

選擇雅石要看圖案（沈泓藏石）

意識也不完全是珍石意識。」

　　並不是任何地方的雅石都是值得收藏選擇的，作為雅石採集和選擇，要到那些出產具有鮮明地方特色的雅石產地尋找，因為著名的雅石產地是已經被市場認可的雅石。如無錫的太湖石、宜昌的三峽石、南京的雨花石等廣受歡迎，其重要原因是它們均具有濃郁的區域特性。

　　所以，在考慮雅石的藝術價值的時候，還要考慮市場價值。通常來說，藝術價值越高的雅石市場價值就越高，然而單純追求藝術價值在市場上可能會受到冷遇。因而要考慮到雅石的商品特性，這是初學者應該瞭解的。

　　在雅石選擇中，景觀石的收藏最令人神馳，它以大地之自然景觀為師，千姿百態，形異質佳，色美紋奇，具有藝術可觀性，樹與石皆是縮景藝術。然而，有的初學者買了一些景觀石，石種也對，石質也佳，色澤也美，請前輩鑑賞，左翻右轉半天，就是看不出其中的景觀。

　　其實，選景觀石的關鍵是重視底部的安穩性。賞石有所謂「三觀法」，是將石依正面上下分為天、相、根三段，根段就是基座底邊要安穩。若為山形石則為三角形之基本形，底邊較寬，其他景觀也是根段底邊大於或相等於相段、天段，與樹之基本形態大有區別。

　　初學採石選石的愛好者，還有一個簡單的選石辦法，就是從圖案石、形象石或造型石著手。最常見的人物形象石、飛禽走獸石、花鳥蟲魚石等都屬於造型石，它的上品應是形象完整逼真，線條明晰流暢，石質純淨。而像雨花石、大理石、三峽石、菊花石等，表面呈現出山水、人物、花鳥、文字等圖像，則屬於紋理石，其圖案清晰、色澤天成、蘊意深刻、對比度強的即為上品。

　　選石是一種發現的藝術，也是一種心靈藝術。

　　採集雅石到一定程度，不知不覺中就會發現，全國各地的石種越來越多，他們各具特色。但見雨花石清悠淡雅，鐘乳石晶瑩多姿，菊花石五彩斑斕，礦晶石玲瓏剔透，那絢麗的色彩、流暢的花紋，或似人若馬、栩栩如生；或小橋流水，天然成畫。飯後茶餘，細細品味，可領略到無窮情趣。

江河石往往附有青苔水垢，需要進行表面的整治（沈泓藏）

如何整治雅石

　　採集來了大量雅石，下一個問題就是如何整治。

　　雅石的整治，是指對新出土的原石進行表面處理。一塊新挖出來的石頭表面既有泥沙，又有鈣質包皮，還有浸泡的雜色、苔蘚等。有的江河石、海石則附有青苔水垢、海藻貝類等，這些都需要進行表面的整治。

　　《雲林石譜》「靈璧石」條介紹：「石產土中，歲久穴深數丈，其質為赤泥漬滿，土人多以鐵刃遍刮。凡兩三次，既露石色，即以黃蓓帚或竹帚兼磁末刷治。」

　　在「江華石」條中介紹：「既擇絕佳者，多為泥土苔蘚所積，以水漬一兩日，用磁末痛刷。」

　　山石的整治方法大同小異，這兒介紹一下昆石和博山文石的整治，其他石種可類推。

昆石石開採出來時，周身包裹著紅山泥，此時萬不可急躁莽動，斷然敲擊，以免斷裂。毛坯採出後，需先曝曬一星期左右，使其山泥乾硬，然後浸入水，使山泥成塊剝落，再用清水沖刷。沖刷時應注意剔除石頭間隙間的雜質，直至山泥雜質清洗乾淨為止。

考究些的，可用海棠花汁敷於石表，這樣可使其黃漬去淨，最後再將石放入清水，漂上半個月，使其酸、鹼成分全部漂清，取出晾乾即可。

博山文石新出土時，其表面也沾滿了泥漿和附著物，可先用鋼絲順其紋路粗刷一遍，然後用稀釋鹽酸沖刷，再用清水沖洗。切不可用純鹽酸，鹽酸濃度比例過高，也會破壞石頭表面的皺紋。皺紋一旦被破壞，雅石的價值也就大為降低。博山文石石表若有黃色鈣質附著物，須細心剔除，萬不可錘鑿斧劈。因為損壞了石頭的完整度，也就談不上雅石的觀賞性。如果黃色附著物一時難以剔除，就將其置於露天，日曬雨淋，時間一久，它也會風化。再經人工稍加剔除，就會顯示出其質樸無華、返璞歸真的自然造型。

江河石、海石的整治相對簡單些。一般只需用清水浸泡數小時，再用棕刷或絲瓜筋將其青苔、水垢刷洗掉即可。如攙雜有海藻、貝類等附著物，可使用 1：5 的稀釋冰醋酸浸泡，半天至一天後，即自行脫落，然後再反覆用清水沖刷漂洗，直到滿意為止。

隕石收藏值得重視

一般來說，圖畫石、造型石的收藏較為容易，但隕石收藏就較為稀罕了。

我國是世界上最早發現隕石的國家，世界公認的、最早最可靠的隕石記錄見於《春秋‧左傳》，上面記載：西元前 645 年 12 月 24 日，在河南商丘墜落了五塊隕石。故而以隕石命名的有不少地方，如落星灣（陝西岐山縣）、靈石縣（山西）、鐵牛村（山東莒南縣）等。

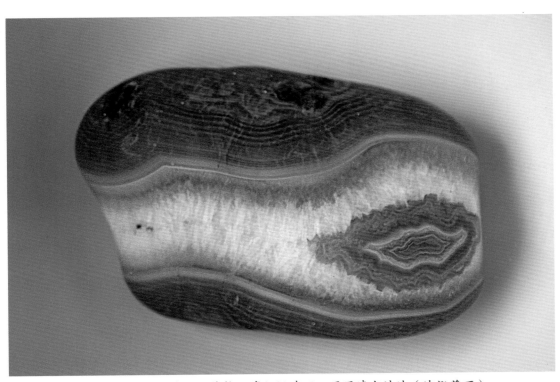

山石和戈壁石往往沾滿了泥漿和附著物，應細緻清理，再用清水沖洗（沈泓藏石）

隕石較為難得，但火山石和礦石收藏卻是可得的，不妨先從火山石收藏著手（沈泓藏日本火山石）

沈泓藏國外礦石

沈泓藏化石

　　西方國家對隕石的來源認識較晚。1803 年 4 月 26 日一場隕石雨墜落在法國，隕石來自宇宙的思想才被接受，但西方人對太空有著強烈的探索欲望，在我國封建王朝，對隕石的認識停留在「觀天象」測君王禍福、國運興衰，而西方對隕石的收集、保護、研究則比較科學規範。

　　隕石這些「石頭」喜歡「藏」在深山老林、戈壁荒漠，在「全民大煉鋼」的時代，群眾四處找鐵。國內找到不少鐵隕石進行冶煉，都煉不出鐵來，但就在這個時候發現了南丹鐵隕石。

　　對於收藏愛好者來說，零星收藏隕石是 20 世紀 80 年代才開始的事。1990 年，北京天文館和相關單位合作，在北京舉辦了國內首次大規模隕石展，並到全國各城市巡迴展出，這是我國普及隕石知識的壯舉。

　　鐵隕石的價格一般高於石隕石，但同是石隕石價格可以相差十萬八千里。

　　國內一般的收藏者仍停留在隕石外形像什麼、外表美不美等方面，而據報導，3 顆不足 1 克拉的月球隕石在美國蘇富比拍賣行拍出了 44 萬多美元的高價。

　　1998 年菲力浦拍賣行一顆 0.28 克的火星隕石 4600 美元賣出，是黃金價格的 1000 多倍。

　　我國目前尚未發現來自火星的隕石。我國鼓勵收藏愛好者去發現隕石，同時，在這個收藏熱的時代，收藏隕石要憑機遇。這裏介紹隕石收藏的相關知識，就是為了在機會面前人人平等。

如何收藏古生物化石

　　古生物化石作為一種獨特的天然藝術品越來越受到各界人士的喜愛。人們一是將化石作為禮品饋贈親友或用做一些活動和會議的紀念品；二是經創意裝幀佈置後點綴大廳、辦公室、家居；三是作為一種投資進行收藏。

　　但研究表明並不是所有的化石都是適於收藏的，應而古生物化石的收藏也要謹慎從事。

　　據上海石友高峻介紹，某居民家一男孩時常嘔吐、脫髮，經醫院診斷，孩子患上了再生障礙性貧血，俗稱血癌。家人以為可能是裝飾材料的問題，便請了有關單位對住宅進行放射性同位素檢測，但檢測了幾次結果都無異常。最終人們的視線落在了掛在牆上的一塊魚化石上，檢測結果表明其輻射劑量超過了國家安全標準的 8 倍。

　　我國地球化學科學家採用儀器中子活化分析（IN–AA）方法對產自貴州、四川、遼西等地的三疊紀、侏羅紀、白堊紀的 49

種恐龍、蛇頸龍、龜類、魚類、恐龍蛋及植物化石進行了系統的測試。結果表明，其中一些動物化石中的鈾、鉻、砷、鋇、鎘、鉛、稀土等元素均呈高異常或超高異常。而植物化石中的砷、鈷、鐵、銻等元素均比脊椎動物化石高出 2～5 個數量級。

放射性同位素鈾是製造核武器及核反應爐的核心材料，具有很強的放射性。人體長期暴露在強輻射環境中將會導致血癌、皮膚癌、骨癌等多種惡性腫瘤。

砷（砒霜）、鉻、鋇的高異常將導致人體無法進行正常的新陳代謝。法國皇帝拿破崙就是死於砷中毒。

鎘和鉛是公認的有害重金屬元素，能使骨質軟化變形並伴發多發性骨折。

在古生物化石收藏熱中，要注意適當收藏，有可能的話，對收藏的生物化石進行檢測，即使是收藏，也要保持距離，放置適當地方，也就是真正把它「藏」在離家人生活區較遠的地方，以免使家人中毒。

如何養護雅石

雅石收藏愛好者往往注重雅石的採集和收藏，而不重視雅石的養護。大多採集和購買雅石回來後，放置家中，就不再打理了。

這是不完善的收藏方法。儘管雅石不像印石那樣嬌氣，但雅石也是需要養護的，養護方法有多種，首選是上蠟養護。

給石頭上蠟，既能使紋理圖案清晰，又能使石頭更加溫潤，強化石頭的天然之美。

雅石收藏家鄭道明對此經驗豐富，他根據自己的做法，專門論述了具體養護步驟：「上

沈泓藏生物化石

水養（沈泓藏）

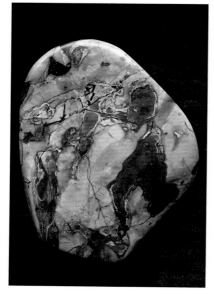

蠟養（沈泓藏）

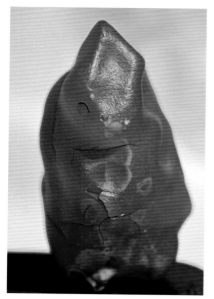

油養（沈泓藏）

蠟之前要先將石頭清洗乾淨，再把石頭加熱。加熱方法有火烤、曝曬或水煮、汽蒸等。」

火烤、日曬法應注意石頭表面加熱均勻；水煮、汽蒸法要在離開熱源後，待石頭表面水乾後才上蠟。上蠟時的石頭溫度宜高不宜低，以能使石蠟熔化為準。因溫度過低，蠟液不易滲入，而冷卻後又會使表面起皺。塗蠟量以冷卻過程中蠟液能全部被石頭表面吸收為度，當發現塗蠟過多時，應在冷卻之前用乾布擦去過多的蠟液，若冷卻後才發現塗蠟過多，則要加熱去蠟，然後再重新上蠟。

也有人反對給石頭上蠟養護，而提倡油養。他們認為，油養可以保持石面光澤，避免石膚氣化、風化。使用的保養油有凡士林、油蠟、上光蠟等，用絨布蘸蠟、油輕抹輕拭。

也有將石蠟化成液體後塗刷雅石的，效果確也顯著。但作為長期保養的雅石，其實應該避免上油蠟。雖然這類物質在短時期內可以使石之質地、色感更為突出，但也相對阻隔了石頭的老化。因為油蠟會堵塞石頭的毛細孔，會妨礙石頭的呼吸，妨礙它吸收空氣中的養料，使石頭久久不能顯得老氣。而且，上油後的雅石之光澤有一種造作感，過重的油蠟還會產生反潮現象，致使石之表面變得一片灰白，遮掩了石頭的清新面目。他們認為，總的看來，油養是得不償失，不值得提倡的。但很多人，特別是石商，他們首選的養護方式還是油養。

不同的石頭有不同的養護方法，就和壽山石一樣，有的適合油養，有的適合水養，雅石也有一些適合水養的石頭。適宜於水盤的雅石一般都可以使用水養的方式。一兩天澆水一次，使它經常保持溫潤而有生氣。不宜一直噴水的雅石也應經常用乾布擦拭，使其保持整潔。

一般來說，新採集來的雅石都需要水養，具體辦法是先在室外供養半年至一年時間，每日澆水一兩次。為了風化度均勻，一個月左右應將雅石翻一次面。

以上都是現代人的養石技巧，還有一種古人養石的技巧——酒養，也不妨一試。明人所著《志雅堂雜抄》中介紹：「以煮酒腳塗靈璧石，其黑如漆，洗之不脫，極妙。」此法是否靈驗，不妨一試。

雅石在採集和運輸過程中，常會發生不小心碰破損傷石膚石肌的事。如石傷較明顯，可先用金剛石進行打磨、修整，再將原石放置於露天石架。石架最好不用鋼鐵塑膠製品，以水泥製品為好。原石在石架上經受日曬雨淋，養護者定時澆水，時間一長，石膚自然風化，自然變色，直到整塊雅石在質感、色感方面完全協調，再遷入室內觀賞。

雅石的價值高低與其出土流傳年份極有關係。時間愈久，石頭色澤愈古樸歸真，石體會發出成熟的幽光，這種難以確切言傳的石表形象，行話稱作包漿。

包漿愈凝重愈好。包漿的形成最主要原因當然在於長時期的輾轉流傳，但藏主的關心愛護也很有關係。

雅石收藏家常常說：養石即養心。有的藏石家喜歡將質優、膚細、形美的雅石置於茶桌書案，在喝茶聊天、閱報或看電視時以雙手撫摩，使手氣、手潤通過毛細孔滲入石膚、石體，久而久之，包漿漸起，令人愈加寶愛。

雅石收藏也和其他收藏品一樣，要細水長流，持之以恆，同時還要有專題意識。略有佳石者，謂之收藏者；某石種佳品羅列且風格紛呈者，謂之某某石收藏家；數種石俱有佳品且量眾者，謂之雅石收藏家；賞石、品石、評石、論石有見地，又擅道其所以然者，當謂鑑賞家。勤於探究石頭之成因、年代、成分，而疏於審美意識者，當歸之於地質、礦物、化學之研究者。作為一個雅石收藏家，知識要盡可能全面，然而，收藏要有專題和方向，才能達到縱深處。

隨著經濟文化繁榮昌盛，人民文化生活的豐富，玲瓏多姿的雅石開始走進市井園林，生活社區，堂前屋後，極其自然地調節城市文化氛圍，展示給人們一個優美的生活空間，賦於人們高雅的精神享受，這是雅石所具有的天然藝術魅力。

小巧光滑圓潤的雅石適合手養（沈泓藏石）

沈泓藏石

沈泓藏石

第十一章
雅石命名學問深

石隱園中遠心亭，門對青山四五層。
鳳翔雙鷹飛禽樣，九象豚豕走獸形。
太僕垂雲生得好，菡萏月窟最朦朧。
宋朝魁星石靈壁，萬世名傳十友名。

——清・蒲松齡

　　一位藏石名家曾說：「覓雅石難，為其起名更難，點睛之筆，可賦頑石以生命，啟觀者以遐思。」

　　這其實並非是他一個人的體會、感想，而是藏石界普遍存在的現象。石名反映收藏者的文學涵養，好的石名可增加欣賞的意境。

　　覓石行千里，採石納百川，品石修慧眼，玩石終身緣。或許，覓石、採石、品石、玩石對於雅石收藏者都不成問題，然而，給雅石命名卻是一道難關。

　　雅石的命名，是對雅石的一個定位。它是經由收藏家個人的認識、文化層次、藝術水準，去給一方特有的雅石所表現的天然主題定位，也就是命名。沒有最好，只有更好。

高昌故城（沈泓藏）

雅石的命名文化

人們常說，給雅石命名的作用是「畫龍點睛」，但為什麼有些賞石者不按原作去讀呢？原因就在於似像非像，像貓也可看成虎。誰對誰錯呢？有一千個觀眾就有一千個哈姆萊特，實在是仁者見仁，智者見智。

發現是欣賞的基礎，理解是欣賞的深入，聯想是欣賞的飛躍。雅石的命名是雅石收藏鑑賞的品位體現，也是雅石收藏最高境界的一個焦點。它充分表現了對雅石發現、理解和聯想的微妙。

雅石的題名需要高度的文學素養，雅石能有適當的「石銘」，能增加雅石的內涵與深度，就像一張國畫，題上適當的詩詞，更能烘托其「意境」，如《山水清音》《平崗夕照》《秋山蕭寺》等。傳統的文學詩句，配上傳統的雅石格局，倒也匹配。

如果碰到幾何石，就得用抽象或現代的字眼如方形石，以「大方無隅」為石銘，就有內涵多了，如全都是以面與面為結構的幾何石，以「畢卡索的傑作」為石銘，就會產生與藝術相結合的聯想。或以「結構」二字為石銘，也會產生建築學的視點。

雅石鑑賞家李祖佑認為，石名用字由一至七字較佳。命名的字數，在能切題達意的前提下，一般凝練些好。對字數的提煉也就是對作品意蘊的高度概括。既要含蓄，又要簡明，是需要「捏斷幾根鬚」的。為此，必須學習古文、古典詩詞。命名的字多少，也要看情況，不是凡多都不好。當多則多，只要能達意而不傷意，也是可以用的。

為雅石題名，通常依石之分類常有不同之境，有人將其分為心境、景境及情境。

雅石命名，了然於心即可，外出展覽，應以微型標牌題書，字跡不應狂草飛動，以秀雅嫻靜為宜。

當然，也有將題名直接寫上雅石的，此乃真正的「石銘」。

勒銘上石是一件慎重的事，銘文位置應得宜，書法與刻工均應禮請高手為之，若藏家兼有此技藝，則更有意義。若是名家或潛在的名家作書刻銘，可敦請題款鈐印。

下面主要談談各種不同類型的雅石的命名方法和藝術。在這方面，我們的祖先積累了很多的經驗，我們應當取其精華，棄其糟粕，並注意在一些雅石的題名上注入時代的新意。

雅石石種的名稱

雅石的石種名大多是利用產地的地名、水名、山名來命名的，如靈璧石、昆石、三峽石、河洛石等。有少數石種因產地有多處，質地特徵同一，就沿用相沿成習的名稱，如黃臘石、菊花石、鐘乳石等。還有一些新興的雅石，因其有較鮮明的表皮特

秋山夕照（沈泓藏石）

沈泓藏戈壁石

沈泓藏黃蠟石

沈泓藏雨花石

沈泓藏國畫石

徵，最初的開採者往往將產地與特徵結合起來命名，如墨湖石、博山文石等。

雅石有多少種類，在地質學家與礦物學家眼中和在收藏家眼中，對雅石的分類是不一樣的。這是因為標準不一樣，收藏家是從審美鑑賞的角度，地質學家和礦物學家則是從科學的角度。

然而，作為雅石收藏者，我們還是有必要從科學的角度也瞭解一下雅石的類別。

據礦物學家考察，如今在地球上已知的礦物有二千多種，各有其特性，並根據其組成元素的種類及排列方式，給予礦物學的名稱，如橄欖石（Olivine）、輝石（Pyroxene）、角閃石（Amphibolite）、石英（Quartz）、雲母（Mica），等等。

雅石是欣賞石頭的石形、石質、石色及石紋品相，不在乎組成元素的排列組合，也無需進行科學分析，收藏雅石是重情趣而非究理，所以對於雅石種類，收藏家主要是以產地、色系或圖案等形象來進行分類。

中國早期問世的關於雅石分類的著作《雲林石譜》中，記載有石種達 116 品，大部分根據產地來取名，如靈璧石，產於宿州靈璧縣（今安徽境內）、青州石產於山東（在今山東、河北南部）、平江府太湖石產於太湖、昆山石和英石產於英州。也有依色紋而分類取名的，如稱為紅絲石、桃花石、石綠等。

也有依石之外形取名，如角龍石、穿心石、菜葉石等。

按石質直接稱呼的有鐘乳石、墨石、瑪瑙石（柏子瑪瑙石）。

唐朝平泉莊李德裕之石有漏潭石、泰山石、玉山石、似鹿石、海上石筍等，也同素園石譜般，對個別石取一石名，可見對石種之稱呼，古來就與礦物名稱有別，少數則沿用。

鄰邦日本對於石種，如果是採自溪流之石，則以較大之河流稱之，支流分流之知名度較缺者，均冠以本流名稱如「瀨田川石」、「佐治川石」；如採自山土則以主要產地之地名、縣名來稱呼，如「古谷石」、「靜岳石」、「八海山石」等；采自海岸，稱為「三陸海岸石」、「大洗海岸石」；也有依色紋取

名為「菊花石」、「梅花石」、「虎石」等,但均再冠以地名如「根尾菊花石」、「富士川梅花石」、「瀬田川虎石」等。

韓國最大河流為南漢江,沿江直下所產「壽石」很多,沿溪各地有些主產地以當地名為溪石取名,如「店村石」等。山產則以較大之地名稱之,如「大邱石」、「釜山石」等。

在臺灣命名以地名為先,如早期稱「竹東黑石」、「冬山石」、「埔里石」等,其後溪產才有再取名如「錦山溪石」、「油羅溪石」,等等。另有依石之色相而取名,如「龜甲石」、「玫瑰石」、「金瓜石」及台東海岸的「西瓜石」。其中,「金瓜石」、「西瓜石」及臺灣西部所產「梨皮石」,都是農產品親切的俗稱,但有些石友認為「金瓜石」與金瓜皮相差太多,而以其地名「七星潭」改名為「星潭石」。再如新竹海岸新發現一色如金粉形多棱線之石,有稱為「黃金石」,有稱「棱線石」,還有「金瓜石」,只有花蓮產的仍稱「花蓮金瓜石」,西瓜石只有台東產的仍稱「台東西瓜石」。基隆河臘石,有稱「瑞芳臘石」,也有稱「基隆黃臘石」,都出現在國際石展及國際石譜文獻中。

有專家認為,在雅石逐步走上國際石展的藝術殿堂時,統一正名十分重要。

如今,在各地石友辛勤開發下,雅石出現了不少新品種,很多石種尚未正名,如鐘乳石發現的形態越來越多,形狀色澤各有不同,有些可細分。有人提出,取名為「晶穗石」的鐘乳石名稱較為妥帖,而有條紋波裂狀或塊狀的鐘乳石,應另行正名,以示區別。

河卵石是河中之石的通稱,有紋樣的、色彩的,也有質地肌里甚佳者,均以河卵石稱之,顯不出石種之「名氣」及高貴。因此,也有收藏家提出,應早日為各種不同河卵石取不同的名稱,以便使此石種揚名立萬。

廣西產有類似「太湖石」的石頭,也具有瘦、透、漏的特點,但在形狀色澤上與正牌「太湖石」有別,有人把它稱作太湖石,其實沒有必要讓人有冒牌的感覺,可另行再取一名稱,或許可與真正「太湖石」媲美。

近十年因外國人喜歡而逐漸名揚海外的「彩陶石」、「浮雕石」、「武宣石」,都產於廣西紅水河,不必再冠名為「柳州彩陶石」、「紅水河彩陶石」。

湖北地區及貴州地區等地都有新石種出現,但往往因取名不當,或根本沒有一個名稱而未能為收藏界所重視,所以,各地富有文化素養的雅石收藏家和鑑賞家,有責任也有義務為本地雅石取典雅之名。如在湖南西部近年發現一種雅石,被取名為「疊層石」,此名受到鑑

沈泓藏火山石

春種一粒粟

賞家的好評。

　　名稱十分重要，名字甚至決定命運，否則算命先生也就不會以名字的筆劃來測算你的命運了。

雅石命名當藝術

　　雅石的題名作為雅石收藏、陳列中一個極其關鍵的環節，誰都不能掉以輕心的。

　　我們都知道，雅石的集藏是一種發現藝術，收藏者和觀賞者都可以根據自己的發現和理解，賦予它不同的含義、主題和意境。應該說，雅石作品的題名就是這種發現和理解的表達。

　　題名者從畫意詩情或哲理禪意的角度著眼，注意意境的深遠，將雅石飽觀熟玩，混化胸中，題名就會貼切、恰當，增強作品的藝術感染力，成為畫龍點睛之舉；相反，題名失當或平淡，或過於俗氣，頓使好的作品黯然失色。

　　雅石的題名猶如創作國畫的立意，「意奇則奇，意高則高，意遠則遠，意古則古，庸則庸，俗則俗矣。」因此，題名往往又是體現人們文化素養和情趣的標誌之一。

　　一般來說，雅石是由採集、收藏者所題名的，它可以幫助欣賞者瞭解石頭的主題和美感意境，詮釋和揭示石頭的內涵。藏石家的題名有時靈感一到，會有神來之筆，有時則冥思苦想，也難得一字。

　　《素園石譜》記載米芾曾任漣水守，其地與靈璧縣接壤，一時間雅石所獲甚豐。米芾大喜，「一一品目，加以美名，入書室，終日不出。」

　　雅石藝術作品的命名與其他藝術的命名大都有共同之處，但必須刻意追求雅石命名的特殊性即個性。

　　雅石藝術作品以自然美、抽象美見長，是高層次藝術。知音者的文化水準、藝術修養都比較高，因而題名時要從樸實、概括、古雅上下功夫，使其富有藝術氣息。

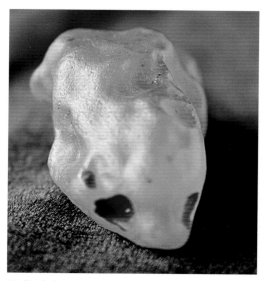

銀鼠（沈泓藏石）

如何為形象石命名

　　具象石也稱為物形石，凡一些形象有特色的人和動物能在石頭形狀上反映出來的石種，即石頭形態具體形似一物。雅石作品造型有具象的，也有抽象的。命名時，對具象作品往往容易命具象的石名，如像鷹題鷹，似狗題犬。其實，命名是可以逆向思維的，即具象作品命抽象題，抽象作品命具象題。如像獅、虎，可題「雄風」；一塊卵狀紅石，可題「酒過三巡」。所以，為雅石命名要處理好有法與無法的關係。命名無定法，大畫家石濤說的「至人無法，非無法也。無法而法，乃為至法」也適用於雅石命名。意即不要有什麼規定性的框框，只需順其作品的內涵、觀賞者的審美心理

兩岸猿聲啼不住　　　　　　　　千年靈芝（王世定藏）

及命名作者在創作過程中的思路等規律去命名，就是無法之法。通常說來，形象石的題名可以較為具體，宋徽宗宣和六十五年，各賜封爵，以動物為名有：朝日升龍、矯首玉龍、望雲座龍、烏龍、巢鳳、儀鳳、玉麟、翔鱗、金鼇、坐獅、蹲螭、玉龜、伏犀、怒猊等。

　　形象石的命名也可較為朦朧、含蓄、抽象，保留許多令人自由聯想的空間，但切不可牽強附會。如對像人物的具象石命抽象石名，可以題為莊子觀魚、屈子行吟、蘇武牧羊、滴仙捧杯、飛燕舞盤、貴妃醉酒、漁樵問答、寒山拾得、情深、慈顏、觀濤、拜石、善武、問道等。像動物的形象石，可以如此命名：臥虎、祥麟、望雲儀鳳、矯首烏龍、鷹擊長空、魚翔淺底、倦鳥、想狐等。

如何為風景石命名

　　風景石亦稱山水景石和山水石，凡山、湖、河、海等自然景色能在一個石頭上反映出來的石種。

　　其實，風景石也是一種具象石和圖案石，只不過像風景名勝、山水秀色的雅石很多，或形狀上酷肖，或圖案上的類似，我們特把這類雅石單列一類，統稱為風景石。

　　對風景石的傳統的命名有很多，如銀河秋水、煙江疊峰、拔秀、凝翠、留雲、宿霧、排雲、吐月、秀碧、雲蚰、白雪春濃、春山煙雨、秋峰煙雨、煙波春曉、冬雲出谷、古城暮色、小城春色、古塔遺風、古堡新貌、寒江獨釣等。

　　命名山水名勝的如寧靜島、摘星台、仙人洞、望夫崖、小蓬巔、須彌山、小峨眉、青城

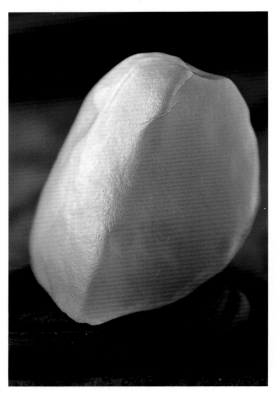

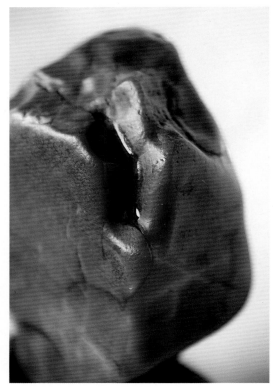

心淨自然涼（沈泓藏）　　　　　　　　思想與激情（沈泓藏）

山、積雪嶺、滴露岩、藏煙谷、博雲屏、仙霞嶺、呼雲峰、孤礁怒潮、雲峰隱泉、雙峰插雲、群峰競秀。

　　多到名山大川旅遊有利於為寫景石命名，很多雅石的命名源於名山大川中的煙雨亭名、景點名和碑刻勒石名，如棲霞、銜日、推青、疊翠、曳煙、玉秀、慶雲、留雲、銳雲、藏煙谷、博雲屏、滴露岩、凝碧、宿霧、日觀等。

　　在明代，王世懋對宮中風景石曾以四字命名，值得參考：

　　　　春雲出谷，泰山喬岳，奇峰迭出，雪溪春水，
　　　　神龍雲雨，元峰雲收，錦雲碧漢，玉韞山光，
　　　　河洛獻瑞，海山朝旭，群峰獻秀，天地交泰，
　　　　江漢朝宗，虹臨華渚，麟趾呈祥，龍翔鳳舞，
　　　　一碧萬頃，雪岩春霽，春山煙雨，百川霖雨，
　　　　雲漢麓天，湖光山色，卿雲絢采，龍飛碧漢，
　　　　白雪春融，雲龍生雨，海晏河清，振衣千仞，
　　　　雲霞出海，萬山春曉，溪山煙靄，壽山福海，
　　　　春山福海，函關紫氣，山川出雲，煙波春曉，
　　　　槎泛牛斗，……

　　中國人對山水的詩境畫意獨有情懷，賞石會然於心，不但命名典雅，而且由命名，使得一石能觀一世界，一石能寫一段石故事。

如何為抽象石命名

　　抽象石無具體形象，僅憑個人主觀思想，憑心而定此類石種。給抽象石命名要考慮有名與無名的關係。有名，命名得好，畫龍點睛，令人稱絕。命名不好，會損壞作品的藝術形象和歪曲其內涵。由於很多抽象石是多義的，無名可使欣賞者不受石名「先入為主」的限制約束，可任由觀賞者自由想像，馳騁遐思，也利於作品意蘊的再發現和形象的再創造。無劍勝有劍，其實，名還是有的，只不過在欣賞者各自腦子裏不標出來而已。從這個意義來說，無名即有名。

　　為抽象石命名還要善於處理有限與無限的關係。命名者若僅限於作品外露形象和限於作者所發現的內容和意蘊，那麼命名的容量是有限的。抽象石命名應深入發掘作品的社會內涵，找到其抽象化的特徵，如有可能，還可請石友參謀，彙集廣大觀賞者的觀感，綜合各位鑑賞家的意見，去粗取精之後，所命之名的意蘊就可以是無限的了。

　　抽象石的題名主要看對石的感受如何、悟性如何。文字應簡潔，含有深意，力求獲得弦外之音、餘味雋永的效果。如石破天驚、古井無波、雄姿、婀娜、空靈、虛懷、歲月、自在、人定、躍動、悠然、旋律、幽玄、瀟灑、心怡、神曠、飄、回、蔥、覓、思、覺、吼、靜、力、悔、柔、韻、恕、參、省、巧對、拙言、滄桑歲月、朝氣蓬勃等。

　　抽象石名大多為題心境的石名和與禪、佛有關的石名，如禪、佛、道、悟、舞、韻、靜、靜觀、神遊、澄懷、如意、無語、悟道、無欲、天心、觀自在、世外情、石無心、思無邪、無欲則剛、心淨自然涼、悅自心中來等。

　　為抽象石命名重在引導，這是相信和尊重觀賞者的一種智慧的做法，利於觀賞者和命名者的思路交流。有如遊覽溶洞，觀賞者在導遊的前引下，用自己的「腳」即經過自己動腦，進入意境，平添無窮興味。而如果是「填鴨式」地為抽象石命名，則效果適得其反。

如何為特色石命名

　　凡石質特殊、奇異、珍貴而稀少的石種即為特色

仙人洞（沈泓藏）

仙人洞（沈泓藏）

仙人洞（沈泓藏）

觀自在（沈泓藏）

通透（沈泓藏）

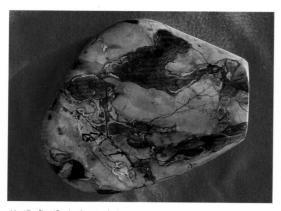

龍騰虎躍（沈泓藏）

春到冰湖（沈泓藏）

石，也叫珍貴石或珍雅石，如化石、鐘乳石等。

為特色石命名的作用與意義在於點化主題，表達情意，拓寬境界，昇華神韻，加深印象。根據雅石收藏家和鑑賞家的觀點，為特色石命名首先應考慮準確，處理好貼切與牽強的關係。

貼切就是石品本身和它的名稱吻合無縫。做到了這點，可以體現命名者對命名的嚴肅認真、對欣賞者負責的態度。

牽強的命名是指鹿為馬的敷衍作風，是自以為是的主觀意志，是無的放矢的低能「箭術」。

特色石的題名關鍵在於點出此石特異之處，若能做到含蓄而有詩意則更好。如「未石」，其題名就不錯，既點明了此石每日在未時即有氣出石穴中，若煙雲之狀的特點，石名又簡明含蓄，給人想像空間。

再如清代《湖廣通志》載，隨州有個醫生叫蔡士寧，收藏一塊「色紫光如丹砂，有纏細之紋」的特色石。該石有兩三個小竅，從中可剔出赤屑，有狂熱病者服少許即癒，於是，蔡醫生就給它取名「息石」，也很扼要明瞭。「醉石」、「醒石」也莫不如此，十分貼切。

如何為圖案石命名

圖案石也稱為紋樣石，和形象石有類似之處，即它們都是類似某物，不同之處在於形象石是形狀上類似，而圖案石是石頭表面的圖案類似。在韓國，也把圖案石歸為形象石一類，即石頭表面有花、鳥、昆蟲、雲彩等類似自然萬象的石種。

圖案石的命名貴在詩意和含蓄，即情在意中，意在言外，使觀賞者通過深思、聯想，能夠領會到作品所反映的生活本質及作者意圖。而過於含蓄就是晦澀，就是偏離主題，是故弄玄思的代名詞。

圖案石的畫面，題材非常廣泛，如是自然景色，可採用合適的古詩成句，但注意一定要切題，如雲山晚霞、月朗風清、簾外柳韻、空谷幽蘭、門對寒流雪滿山、三山半落青天外、桃花流水杳然去、雨中春樹萬人家、春風楊柳舞朝陽、山在虛無縹緲間、秋水共長天一色、落霞與孤鶩齊飛等。

如何為色彩石命名

色彩石不以形象為主，主要考慮石頭的色彩是否美麗優雅，是可供觀賞的石種。

為色彩石命名要注重應時，是指命名要反映時代精神，而非那種低級庸俗的時尚。同時要通俗，在某種特定情況下要考慮觀賞者的欣賞能力和習俗。

應時隨俗不是要命名者題一些政治術語，更不是政治口號，那些詞語通常不受雅石鑑賞者的歡迎。

另外，為色彩石命名還要注重點出石色之神采，如綠肥紅瘦、煙竹凝翠、姹紫嫣紅、芳草池塘綠、萬綠叢中等。

石館雅號的命名

雅石愛好人士珍藏一些雅石於居所，常為石館、石室取一個文雅的富有品味的館名，對於石館命名的辭彙異常豐富，也十分古雅，即使是開店交流者也不稱「石店」，因為「石店」已被打造石墓碑業者所慣用，雅石界常稱為石館或石室。

石館石室以用「居」「館」「軒」「齋」「堂」「屋」「盧」「城」「樓」「園」「房」等為多，所用名稱均富有哲理或予人特殊意義，也是其生活的體味和理想，與石有關者有「賞石」「愛石」「夢石」「忘石」「醒石」「妙石」「醉石」「半石」「石友」「石林」等，或以唐詩宋詞中的妙曼詞藻為名，或引入中國古代園林思想，寓意深遠。

很多經營雅石的商鋪也有雅號，並請著名書法家書寫招牌，老闆遞出名片常出現類似之石館雅號。由名片看不出石館之大小，正所謂室雅何須大，這是很有意味之現象。

中國民主人士沈鈞儒生前愛石寄物以情，書齋取名「與石居」，郭沫若曾題詞：「磐磐大石固可贊，一拳之小亦可觀，與石居者與善遊，其性既剛且能柔，柔能為民役，剛能反寇仇，先生之風，超絕時空，何用補之，以召童蒙。」

沈鈞儒先生有一首「與石居」詩：

　　吾生尤好石，謂是取其堅。

　　掇拾滿吾居，安然伴石眠。

　　至小莫能破，至剛塞天淵。

　　深積無苟同，涉跡漸戔戔。

賞石界人士熱愛山水園林，熱愛藝術，別出心裁為石館居室取一雅號顯現文化氣息也是雅士情懷。

石癡（沈泓藏）

第十二章
雅石陳列有講究

千岩萬壑來几上，中有絕澗橫天河。

——元·趙孟頫

雅石之美除了自身的美，還需靠陳列裝飾來造就。

雅石無論是作為居家擺設、案頭清供，還是參加展覽，列於廳堂，都遇到一個如何陳列的問題。

雅石陳列，首先需要配置襯具。在確定了雅石上下正反的位置後，就要考慮襯具的材料、樣式、大小等問題。襯具配置得當與否，會影響到雅石的美觀與意境的顯現。襯具大致可以分為木座、水盤、襯板、几案等。

雅石陳列與美學

雅石的陳列是有規矩的，從古代開始，就有審美標準。

六朝畫家顧愷之開創山水畫風，奠立百代畫聖的地位，在其所繪「雲臺山圖」中將神仙所居之所名為「闕」形峰，留有畫記說「左闕峰，以岩為根」，後人品選山形石等景觀石時，從中受到啟發。

在明代計成之《園冶·掇山》峰條卷有一段文字如下闡述：「峰石一塊者，相形何狀，選合峰紋石，今匠鑿眼為座，理宜上大下小，立之可觀，或峰石兩塊三塊拼綴，亦宜上大下小，似有飛舞勢，或數塊綴成，亦如前式。」

所以景觀石欣賞應注重底邊之穩重，由上垂下之石形走勢，應是向外緩張與地密切連接。地球上石塊受滾動影響，以圓形、橢圓形姿態出現為多，根段底邊不穩，安定感即顯不足，難以在國際交流及品賞上受到高度評價。

假如雅石具飛舞之姿，躍動之勢，如白居易形容牛僧孺的藏石，有端儼挺立如真官吏人者，有縝潤削成如玨瓚者，有銳刺如劍戟者，又如虯如鳳若跂若動，將翔將踶，如鬼如獸，若行若驟，將攫將鬥，這類屬動態十足之形象石，以奇木、根藝為座或精雕巧琢上好木料配座，才能使整體獲得相得益彰之美感。

清人梁九圖在《談石》一文中認為：「石有宜架以檀躍（檀躍，檀木底座也）者，有以儲以水盤者，不容混也。檀膚所架，當置之淨几明窗；水盤所儲，貴傍以回欄曲檻。雜陳違理，貽笑方家矣。」那麼，如何陳列才能完美地體現雅石之美呢？

雅石陳列重在搭配（沈泓藏）

雅石配座

　　中國賞石的傳統是：如找到一塊精彩的靈璧石、太湖石、英石、昆石，最好能設計製作一個紅木底座，大多還精雕細琢上花紋。有經驗的雅石收藏家認為，紅木底座配傳統的靈璧石、太湖石已成定式，與室內紅木傢俱互相襯托無可非議，但是不少紅河石、河卵石、紋理石等配上紅木雕花底座，搭配不好就不倫不類、喧賓奪主。

　　底座是附庸品，目的是讓雅石站起來，站出風采。過多的紅木木雕花紋會轉移人們的視線，同時有一種炫耀財氣的感覺。要知道，明代文人愛玩黃花梨傢俱，是因為本色黃花梨傢俱和當代文化人現在熱衷於玩中國的白木傢俱一樣，深層心理之一是白木能保持自然木質原貌，貼近大自然；二是傳統紅木傢俱的生漆顏色太深，陰氣太重。目前各地有些藏石家用根雕配雅石，值得推崇。石藝與根雕，這也是石與水，石與沙一樣，是天然表兄弟的關係。

　　座，是雅石藝術品的有機組成部分，是使雅石的自然美與人工的藝術美相結合的技法之一。根據雅石收藏家的總結，配座的作用主要是托立主體，烘襯主題，美飾裝點，平衡重心，協調色彩，補缺藏拙等。

　　(一)托立主體

　　雅石主體的石材部分是不定型的，大都是立不穩而又不便於鑿、鋸加工的（因加工易損壞其自然造型的完整性），為此就需用木或其他材質做座，按其最佳角度將之托起來。

　　(二)烘襯主題

　　因形制宜的配座，可增強主體形象的態勢和神韻。例如命題為「急流勇進」的魚的造型雅石，配座時要選取有波浪狀的樹根做座，讓主體的「魚」有劈波衝浪、勇往直前的動態。

這樣，「魚」就活起來了，主題就鮮明了。

（三）美飾裝點

有些題材古雅的雅石，需配紅木雕刻工藝座。這類座或作書卷形，或刻上簡樸的圖案，就更顯出作品的古色古香。

（四）平衡重心

有的作品要突出動態感，需斜放，但又往往重心不穩。這就需用座的重力來調整實體的平衡和視覺的平衡。

（五）協調色彩

座與石的色彩配比，一是要以深淺示輕重。一般來說，座為深色，才能在視覺上呈穩重感。二是要色差對比適中。色差太大，會失掉座與石渾然一體的效果。色差太小，如淺色的石沒有稍深色的座，作品的整體就會失於輕浮。三是有的石種（如彩霞石）色彩豔麗，配座就應色調單一素雅，不能讓石與座的顏色「豔」成一堆。

（六）補缺藏拙

具象作品遺缺部分，如鷹的腳嫌太短，可在座的相應部位凸出一截作為假肢，但要假得必要和自然，避免畫蛇添足之弊。有的石形出現敗筆時，應盡可能地將其埋在座臼裏隱藏起來。配座的型式大致可分為托底型、單框型、包邊型和盆盤型。

配座的材料主要有五種：

1. 木座

這是雅石最常見的一種底座。它一方面可以陡增雅石的典雅氣度，另一方面雅石底部的不平、無法置穩的缺憾借此也得以圓滿解決。木座的材料以紫檀、紅木為上品，黃楊木、柚木、棒木、桉木、棗木也不錯。木座的雕製是一種雕刻藝術與鑲嵌藝術的結合，尤其是鏤

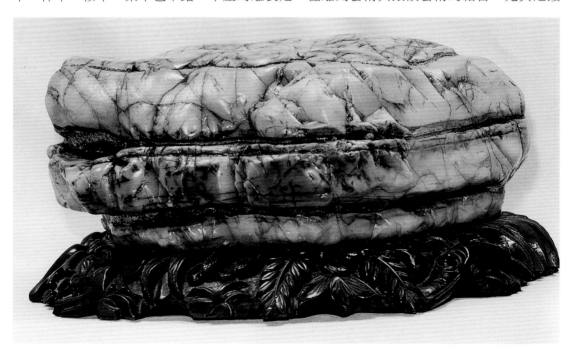

好座為佳石添彩（王世定藏）

春秋戰國時代的楚國陶器作為
石座，也別有一番情調（沈泓藏）

沈泓藏石

底，要做到石頭坐於上嚴絲合縫，紋絲不動，絕非易事。所以，一般需由有經驗有藝術眼光
的雕刻師傅製作。製作過程大致是這樣的：選材→石底畫線→挖木座底→鋸邊→座緣、座
邊→座腳的雕刻→打磨→上漆。漆以清漆為好，能顯出木質天然紋理，且較素樸。

　　無論是具象石、抽象石、異石，還是圖案石、色彩石，大部分適宜配木座，一些體量不
大的小品，更需木座加以拱托。但需注意，木座的雕刻不宜過於繁複，線條崇尚簡潔流暢，
它起的作用應是「烘雲托月」，而不是「喧賓奪主」。

2. 根座

　　黃楊木樹根天然奇特，可選擇造型簡潔且有平面者作為石座，其優點還在於價廉，選擇
得當有意外的效果。

3. 石座

　　石座分天然與雕製兩種。天然石座就是將扁平的江河卵石或海灘石置於雅石底部即成，
此法雖簡，但配置得宜卻難。雕製的石座，製作步驟及樣式與木座略同，但不需上漆。雕製
石座非經過特殊訓練不宜為之。

4. 布座

　　利用布藝裝飾品和布藝沙發的原理和流行時尚，給雅石配置布座也別具風情。布座主要
是色彩要和雅石色彩搭配，布座的設計製作本身就是一件有風格的藝術品，形狀要求和雅石
形象協調。

為雅石配座要注意如下幾條：

（1）賓主有別。石為主，座為賓。「賓」在體積上和石的比，宜於五分之一至四分之一。「賓」的線條宜簡忌繁，造型上宜抽象忌具象。

（2）座的價值要與石的價值比例適當。有的雅石是 300 元錢買的，通常市場價也就 300 元，而配一個座花了 1000 元，這就是比例失當。一般而言，座的價值不能超過雅石的價值，以 1：1 至 1：30 為宜，以 1：10 最為恰當，即雅石的價值為 1000 元，座的價值為 100 元。

（3）座的材質宜堅硬、新鮮、乾燥，忌疏鬆、傷裂、腐朽、蟲蝕。

（4）座的樣式宜因形制宜，多樣化，忌千篇一律。

（5）座的添色、油飾宜用透明色、透明油或用蠟打磨，以顯出木紋為妙。

（6）座宜做工精細、穩當，忌粗糙馬虎。特別是座與石的銜接部位，宜吻合精密。最好達到「天衣無縫」，不用黏膠黏接也放得穩當。這樣利於搬動，也便於座、石分開保養。

（7）座與石在某種情況下必須黏接時，黏接劑可用環氧樹脂或東方萬能膠。它們使用方便，強度大。白乳膠較經濟，取座也靈活。接縫處空洞大，可用白乳膠調細木糠或棉紙漿填塞。木糠的顏色應和座木顏色接近。用乳膠需防潮。

配置襯板

並不是所有的雅石都適合配座的，只有在遇到如何以最佳位置把雅石放穩當這個問題時，才考慮雕製小小的底座。有的抽象石、峰崖、圖案石、色彩石更適宜直接置放於襯板

王世定藏石

雅石

鑑賞與收藏

沈泓藏石　　　　　　　　　　沈泓藏石

上，其流暢的線條、紋理、色彩更能奪人眼目，其整體美也可得以顯現。

　　襯板還適宜放置對石或組合石，以呈現同一個主題。襯板一般以長方形為宜，長與寬的比例以 1.8：1 為宜，厚度不得低於長度的八分之一。襯板外形也有製成扇形、橢圓、自由曲線形者，但切記應符合雅石的主題。

几案陳列

　　雅石可配置底座後置於几案，也可直接置於几案。几桌款式多樣，在古代有高几、矮几、平桌、香爐桌等，現在除了上述几桌外，主要還有如同花架的雅石架、博古架、電視櫃、書櫃、鞋櫃、寬幅窗臺等。

　　几案和雅石架的製作材料當然以紫檀、紅木為貴，其次是楊木、棒木、水曲柳等。但應注意，細長的雅石宜用平桌或襯板，若置於高几上，會顯得孤鶴伶仃，有危聳感。

　　臥石等具有重量感的雅石，可置於各種規格之几案，几足、案足也要厚實有力，這樣整體就諧調了。

　　在襯板、案几上陳列的雅石，可適當選擇飾品點綴。點綴的目的在於充分表達雅石之美，如塔、橋、舟、人、亭等，以瓷、陶或銅質品為宜。飾品應精巧細微，它與雅石的比例應在 1：200 以下，大者會喧賓奪主，小則無妨。飾品的位置應注意平衡效果和深度、寬度、高度的空間效果。

水盤陳列

　　一些自然景觀石置於水盤，能更好地體現其意境與氣勢，有的因此能使人聯想起海上仙山、江邊峻崖。以水盤陳列雅石還有個好處是養石方便，噴水後還可欣賞石膚潤水後的變化之美：噴濕的石頭在慢慢變乾過程中，石頭的顏色及肌膚因為深淺遠近層次的變化，會呈現凹凸變化不同的氛圍，猶如山間霧氣漸漸消散時的情景，令人心怡。

　　水盤的材料可以分為陶、瓷、銅三種，各有所長。水盤的款式分為長方形、橢圓形兩種，盤緣以淺者為佳。長方形盤以安放有力感的雅石為好，可襯托起陽剛之美。橢圓形盤較適宜安放有柔和感的雅石，與其悠然自得的形態相得益彰。

　　盤底應鋪沙，或以質地細膩的小白石代替。沙色可白可黃，視主題而定。鋪沙一方面可穩定雅石的底部，另一方面也營造了以白當黑的想像餘地。所以，要考慮雅石與水盤大小比例及雅石在盤中的位置。

　　石大盤小會顯得雅石臃腫，擠塞不開；石小盤大會顯得虛渺空洞，沒有著落。一般以1：2至1：2.2的比例為當，如要表現水天一色、海島渺渺的景象，則可取1：3的比例。至於雅石置於盤上是偏右、偏左還是居中，可自由調節，以恰當反映主題為原則。

居家擺設

　　雅石作為居家擺設，或陳設於几端，或供之於案頭，也可以專做一座博古架（博古架分為扇形、圓形、方形），置放中小體量的雅石。但陳放時，應注意與整體環境的諧調，比如它與傢俱的式樣、色澤不能有違和感；雅石之間、雅石與傢俱、雅石與其他擺飾之間要留有適當的空間，疏密相間，不可給人以壓迫感；石與石之間的呼應，要有前後、高低、左右、大小的變化，切忌排成一直線，造成呆板的印象，等等。

　　除此之外，雅石陳列的背景也很重要，如能在背景處懸掛一兩幅境界幽遠的山水畫或飄逸的書法，效果會更佳。再者，在雅石博古架上點綴數件其他種類的藝術品，如古人小瓷擺件、紫砂壺、碗，也會平添佳趣。

王承祥藏黃河石

展覽陳列

　　雅石除了居家擺設作為裝飾的功能外，它還有社會功用，即參加雅石展覽。透過展覽，一方面讓社會上更多的人從雅石中獲得美感，陶冶情性；另一方面藏石家也可借此機會以石會友，切磋石藝，從中獲得莫大教益。

　　近年來，海內外的石展接連不斷，有綜合性的，也有單一石種、單一主題的，大多數石展無

王世定藏石

論在社會效益上，還是在經濟效益上，都令主辦者、參展者比較滿意，參觀者反響也比較熱烈，由參觀、鑑賞而加入到藏石家隊伍中的也為數不少。

舉辦石展應注意整體佈置的諧調。雅石的陳列須留有充分的空間，虛實相間；燈光的照射不宜過於強烈；陳列雅石的桌櫃案几應高低搭配，有所變化；在入口處佈置的雅石應較有氣勢；每一單元的雅石應突出一個相同的主題；參展雅石的題名此時尤其重要，標牌製作盡可能精美，雅石題名的標牌比例要小一點，字跡也要求端正清秀。

詩文點綴

為雅石配詩文點綴，也是雅石陳列的內容之一，只不過這是一種更陽春白雪的陳列方式。

頗具創意的石詩、石文配上雅石，詩文和雅石交相輝映，更顯藝術魅力。可惜，這種詩文點綴雅石的意識在人們的心目中還未普及，未顯其應有的地位。

醉翁亭、岳陽樓及泰山等名山古跡，之所以聞名中外，除了自身自然的價值外，歐陽修、范仲淹、姚鼐為其所作的千古絕唱，功不可沒！當今賞石界尚沒有類似歐陽修、范仲淹、姚鼐這樣才氣橫溢的文人。然而，也有一些著名詩人和作家為石頭配詩文，如賈平凹等，為雅石的文化品位提升起到了巨大推動作用，使得雅石陳列有了靈魂。

第十三章
藝術價值添雅趣

蒼然兩片石，厥狀怪醜醜。
俗用無所堪，時人嫌不取。

——唐·白居易

　　中國傳統文化賦予石以深邃的哲理與內涵，賞石之妙，即在於心與石的交流，在於心領神會的感悟，所謂「石樂人樂以石作樂，石身人身以石修身，石性人性以石養性，石道人道以石悟道。」

　　雅石是一種古老的藝術，說她古老是因為她與地球一起誕生。雅石具有「唯一性」，在世界上任何一塊雅石都是獨一無二的。正因為稀少，人們才珍奇她、欣賞她、收藏她。

　　具體地說，雅石一直是伴隨著人類生產、生活而存在的一門既古老又新穎的獨特藝術。因而，它歷久彌新，永不衰竭。時至今日，人們仍在追求它美的內涵和真諦，啟迪人們對美

沈泓藏石

的聯想和自然造化的有機結合，力求達到一種忘我的思維境界。

　　雅石是天然的藝術，非人工所為，她是在大自然長期的物理、化學變化中形成，靠有緣人把她從野外收集回來。雅石之「奇」就在於她是大自然鬼斧神工的結果。

雅石走向藝術聖殿

　　雅石的渾然天成與不事雕琢的自然美，是人們追求時尚、美好的一個體現，為藝術家們提供了許多創作的源泉，是屬於一種發現的藝術。

　　賞石是一門特殊的藝術，它不受經濟、文化、民族、地域等條件的限制。有人稱：賞石無國界，石友是一家，因此源於中國、歷史悠久的雅石賞玩早年傳入鄰國，近年傳入歐美等西方國家。

　　曾兩次在美國大都會博物館舉辦中國賞石展的著名雕塑家理查‧羅森布羅姆在《一個藝術家的收藏》文章中這樣說：

　　「雅石對我雕塑有直接的影響，並最終改變了我的作品，它們吸引人之處是一個謎。我曾經想，現代百科全書的圖書館和現代藝術世界曾努力接納和包容一切藝術，為什麼這些圖書館和藝術世界如此徹底和無法解釋地將雅石拒之門外？」

沈泓藏石

　　賞石大國的中國儘管雅石收藏很熱，然而目前尚沒有受到各界應有的重視，一些雅石產地也沒有像其他本地藝術特產一樣，把雅石作為本地文化建設的重要內容，作為樹立城市文化形象的品牌。如山東濰坊每年舉辦濰坊風箏節，四川綿竹每年舉辦綿竹年畫節，湖北荊州每年舉辦荊州龍舟節，等等。

　　可見，雅石雖有一定的收藏愛好者，但目前也只能說是屬於民間的自娛自樂，無法走入「大雅之藝術聖殿」。這說明我們雅石收藏家還任重道遠，還需努力推廣雅石藝術事業的發展。

　　如何發展和弘揚雅石藝術，福建漳州的雅石收藏家何崗提出以下幾個觀點。

　　首先，要正確認識雅石，要有雅石「藝術」批評家和專業理論家。

　　目前，一些賞石界同仁在石展中展出一些無文化含量的石品或做手之石，總認為自己收藏的石品才是「最好」，並擴大其價值和品位，而很多真正的藝術家參觀後卻感到很「俗氣」，因為一般雅石確實無法讓人感到它是一種藝術享受和感悟。為此，雅石界也應同藝術界一樣要勇於產生敢於講真

沈泓藏石

話，追求自然賞石藝術美的批評家，針對各種各樣石展和書籍中一些人為造假雅石和「自認為名石精品」或不規範評比獲獎的石品提出批評，只有批評才能真正產生優秀「石品」，產生名副其實的雅石收藏家。

其次，國家藝術研究院應將賞石藝術作為一門研究物件，正確地從文化藝術角度上引導雅石收藏者。

有些雅石收藏者不懂得要合理展示自然雅石。臺灣賞石家林同濱先生在他《論石》書刊中談到：「合理的展示空間，幽雅的環境和完美的角度是雅石的第二生命。」可見，自然雅石藝術也是一門空間藝術，不應老是依附於小型盆景、花卉展，使得原本很有美感的石無法體現出她美的存在。應該將雅石放在獨立展館或博物館中展示，再配合燈光、背景，選擇石體的最佳視覺面和擺設高度，以小花卉、盆景、字畫襯托，給人一種神聖、幽雅的美。

再者，雅石布展應採取藝術布展形式，重視賞石的環境和文化氛圍，使多數參觀者能對自然賞石藝術的美感倍加稱讚，同時也加入到收藏雅石的行列中。

最後，大力弘揚中華雅石文化還要積極參與國際間文化交流。我國文化部門在國外舉辦所有有關中國藝術展，從來沒有提起中國最古老的傳統賞石文化，雖然目前有一大批雅石收藏者投入大量的人力、財力和時間來大量收藏雅石，可總無法像收藏舊紅木傢俱那樣在這幾年因國內外的炒作而成倍地增值。

也有人認為國外以收藏礦物晶體為主，雅石沒有前途可言，其實不然。自然雅石藝術是一種極高文化的抽象藝術，中國古代文化創造的書法就是抽象藝術，中國人發現抽象藝術永遠是外國人無法比擬的。只要中國積極參與國際交流與合作，自然雅石文化就能真正走進世界藝術的聖殿。

改革開放後，中國的物質文化生活水準日益提高，人們喜愛雅石、盆景、花卉、根藝，

沈泓藏石

尤其是石文化的發展更是迅猛異常，全國有很多城市都建有雅石收藏市場，建雅石館，辦展覽，有些省、市還舉辦全國乃至國際性的雅石展評和石文化的研討交流，對石文化的發展起了巨大的促進作用。

　　雅石既是一種高雅的藝術品，又是一種價值較高的商品，並且有其他商品所不能及的特點，即獨此一件，絕無重複。

透過摩爾之孔看雅石藝術

　　登高才能望遠，一覽才見眾山。面對眾多博大精深的可賞之石，人們顯得那樣的膚淺，探索之路舉步維艱。對於雅石鑑賞家，石頭也有思維，他們聽到石頭在說：想讀懂我們嗎？

　　一塊石頭本沒有多大價值，但當你按藝術的分類定位，並按此石所展示的形象特徵注入相關的文化內涵，那它就是一方天然的藝術品。雅石是按現有的藝術去品評的，太像是嫵媚，不像是欺世，似像非像是衡量雅石最高的藝術標準，藝術是無價的。

　　一位雅石鑑賞家說得好：「我喜歡很像的雅石，因為它難得，但我更喜歡似像非像的，因為它拓開了我的想像空間，給我以越感悟越美的藝術享受。」

　　很久以前，《世界知識畫報》刊出幾幅英國現代雕塑大師亨利·摩爾雕塑作品的照片，給中國藝術家在記憶中留下一種奇特的美感，很長一段時間，美術界都在談論餘韻未消的摩爾雕塑。

　　當摩爾的作品在北京北海公園和中國美術館展出時，中國藝術家有機會親眼目睹了摩爾大師的手澤，他對自然、生命的藝術發揮令人震撼。而中國的雅石收藏家卻從摩爾雕塑中看到雅石藝術的延伸，感到愉悅和欣慰。

　　北京的雅石收藏家李祖佑說：「雅石中有摩爾雕塑的精神，摩爾雕塑中有自然雅石的情趣。摩爾雕塑和雅石藝術一樣都具有豐富的內涵和廣闊的想像空間。」

　　孔洞是摩爾雕塑的一大特點，摩爾雕塑中的孔洞，很像中國古典園林中玲瓏剔透的太湖石。在古代中國人眼裏「虛空者皆為氣」「氣化流行，生生不息」。孔洞是「氣」的表現，是生命之源。莊子有「七竅具而混沌亡」的哲理，人有七孔，氣能表裏通達，人才得以耳聰目明。在摩爾的作品中，孔洞是生命的意象。

沈泓藏石

沈泓藏石

沈泓藏石

例如他 1960 年的作品《躺著的人》，由兩個相距較遠的體塊組成，膝下是一大孔洞，手臂下的孔橫向開口，很像碉堡槍眼，孔內彎曲沿人體背部穿出，整個雕塑是一變形人體，孔洞中隱喻著生命的成長、繁育、分化和毀滅。

另一件巨型青銅雕塑《側畫像──拱腿》，由一變形人體的上半身和一拱形孔洞體塊組成，如果不是親手摸一摸，我們完全可以把它看作天工造化的雅石。

摩爾的創作靈感，多來源於自然，他喜歡觀察貝殼、石頭，甚至看到一塊骨頭也會從中發現自己想像中的形象。

而發現雅石的靈感來源於對生活、對自然的熱愛和藝術的追求；我們從摩爾雕塑中看到了「人體的自然化」，而從雅石中看到的則是「自然的人化」。

藝術作品必須有意境，「天賜雅石，人賦妙意」，雅石的意境衍生於人的妙意。

石頭本來是冰冷的，人在賞石過程中「緣物抒情，寓情於景」才使石頭超脫本身的屬性而與人合一。米芾在安徽無為見「石丈」設席整冠相拜，呼石為兄。白居易晚年覓得「友琴石」和「儲酒石」，當他感到「漸恐少年場，不容垂日叟」時，便「回頭問雙石，能伴老夫否？」高興地感覺到：「石雖不能言，許我為三友。」

在詩人眼中，石頭已不再是冥頑之物，而是有品格，有操守，有靈性的知己了。

欣賞摩爾的作品，一種自然的聯想也會油然而生。在北海公園綠樹環抱的靜水邊，在摩爾《母與子》的雕塑前，母子之間的距離就是「摩爾之孔」，順著這個孔看出去是一個已隨時光流逝的空間。一塊石頭或一件雕塑作品，能對人的心理產生這樣豐富的作用，正是藝術意境的高妙之處。中國藏石家正是從「摩爾之孔」中，感受到了雅石的藝術價值。

雅石藝術與書畫藝術

宋代馬遠論畫時說：「石乃天地之骨，凡學者宜先作石，蓋用筆之法，莫難於石，亦莫備於石，能於石法精明，推而致之裕如矣。」

我們展石常配掛山水畫與人物畫來增添意境，相互輝映，室內雅石為縮景藝術，將百仞高峰縮於一拳之石，將千里江海縮於一瞬之石，而山水畫腕底生煙雲，萬重山景繪於一紙，也是縮景藝術，唯畫為平面藝術，石為立體藝術，兩者皆不似而似之。

明末文學家張岱提出了六字評石口訣。他在《陶闇夢憶》中提到「前人評太湖石形態，不外瘦、皺、漏、透、醜、癡六字。而常用者則前四字。」張岱這裏提的「癡」字，與石本

沈泓藏石　　　　　　　　　吉林霧淞（沈泓藏石）

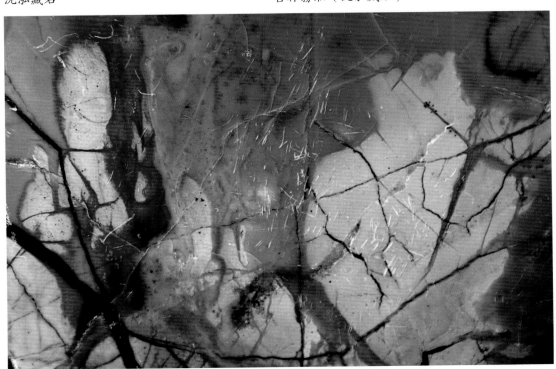

現代人和古代人的對話（沈泓藏石）

身的形態似乎沒有什麼關係，而是就觀賞者的賞石神態而言。

　　清代石濤曾對山水畫說出：「名山許遊未許畫，畫必似之山必怪，變幻神奇懵懂間，不

似似之當下拜。」

　　石與畫追求的是「神似」，如齊白石所言「妙在似與不似之間」，既不可太泛泛，也不可粘皮著骨。石與畫追求的境界是處身於境，視境於心，塰然掌中的物境。感心會意，意飛神馳，澄然懷內的情境。身閑境清，物我相融，了然象外的意境。

　　正如蘇東坡詩中所說：「畫師爭摹雪浪勢，天工不見雪斧痕。」由此可見，一件能使愛石者如癡如狂的雅石，其藝術價值是可想而知的。

　　對雅石藝術的審美標準和經驗往往源自中國傳統的詩書畫理論。中國的文化藝術源遠流長，博大精深。要真正掌握好對雅石的品評欣賞應該加深對中國傳統文化的學習和研究，特別是對中國畫理論的學習和借鑑，逐步提高對雅石的鑑賞品評能力。

國畫山水源於山形景觀石

　　臺灣地區賞石界有一句話叫做：「玩石始於山形而終於山形。」

　　國人以此為經典之語，估計是玩石行家走過不少彎路後的經驗之總結。

　　人生於世，何以為托？大地也，而山是大地的脊樑！其雄偉陽剛，奇絕變化在給人驚歎的同時常賦予人們無窮的遐想和力量，所以古往今來遊歷名山大川便成了世人最高享受之一。

　　賞石之風之所以源遠流長，就是因為最初賞石本身就是一種縮景藝術，是人們縮短與大自然對話和交流的一種表徵，唐朝詩人白居易（實際上也是我國最早的賞石理論家）在《太湖石記》中指出：「撮要而言，則三山五嶽，百洞千壑，視縷簇縮，盡在其中；百仞一拳，千里一瞬，坐而得之。」

沈泓藏石

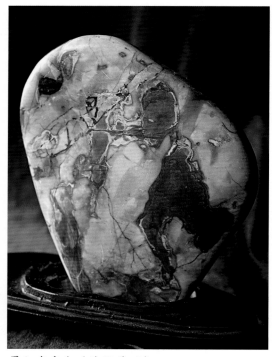

畢加索意向（沈泓藏石）

沈泓藏石

　　歷史上藏石大家皆特別珍愛山形石。正是受唐宋文化的影響，日本至今所稱的「水石」在狹義概念上也是指山川景觀石。

　　很多國畫家收藏雅石，其實是在尋找靈感，在雅石中尋找天生的圖案和意境。可見，國畫山水源於山形景觀石，玩石的最高境界當屬山形景觀石。

賞石藝術可改變人的精神

　　就像人類天生有缺點一樣，石頭也有，正因為有了這些缺點並同環境作鬥爭，它才具有了獨特的形態。那些可以同石頭談心的人，能培養對自然的愛，接受並通過生活壓力對我們的考驗，能意識到沒有犧牲將一無所獲，必須有能力接受無常的命運。

　　賞石藝術可能是無聲的，但它能改變人的精神，是一種不受教育程度和經驗限制的交流，沒有任何人類的發明創造能以這種方式與靈魂交流，就像大地母親盡力找到了一種與觀賞者交談的方式，只要他意識到自己需要傾聽她的聲音。

　　意識到自然的美和韻，意識到我們的生命是多麼短暫和渺小，與石交流，由它帶來的超然意識，我們可培養溫良的氣質，獲得內心的平靜。對石的沉思，使我們從內到外都受益，並培養人格力量。

　　賞石藝術，這種展現石的方式，激勵人們淨化靈魂，從精神和生態兩方面影響人們的社會意識。我們只能以一首優美的詩，一幅多維的畫，一段無聲的樂章，來比喻賞石藝術。

　　每塊石頭本身就是一個世界，在它有限的表面之下是無限的啟迪。透過賞石藝術我們能培養一種超越所有種族和民族障礙的意識，一種對上天所創造的無限之美的意識。

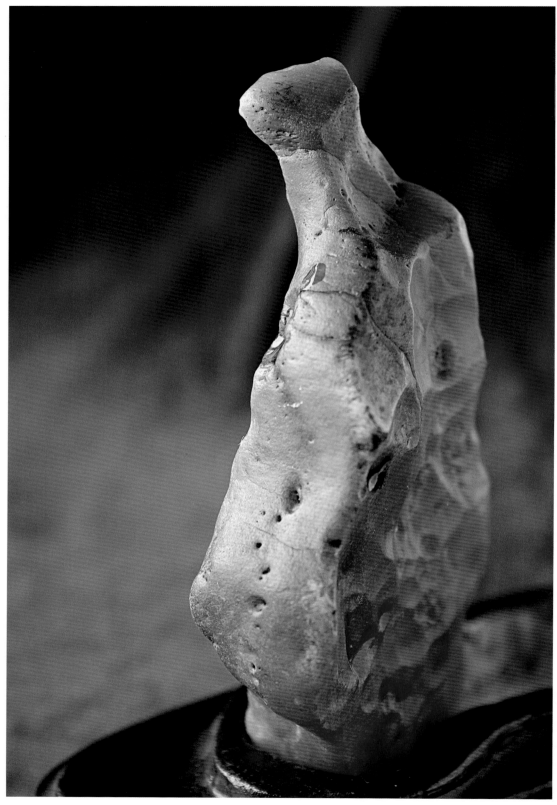

賞石不僅使人身體健康不得病，還可提升人的精神品位。

第十四章
鑑賞標準當記取

一峰則太華千尋，一勺則江湖萬里。

——明‧文震亨

王世定藏石

　　論及雅石，自古至今，名家層出不窮，專述浩若煙海，仁者見仁，智者見智，諸子百家，各有所說，但縱觀華夏歷史，賞石玩石，從未有過今天這樣的浪潮。地域之廣，種類之多，玩者之眾，交流之頻，探討之精，都達到了登峰造極的地步。

　　雅石具有觀賞、科研、經濟、保藏、人文等多方面價值，玩石成為當前一種時尚。據不完全統計，國內石迷已逾數百萬之眾。那麼「賞石一族」應該怎樣欣賞和鑑別雅石呢？

　　首先要瞭解和掌握雅石鑑賞的內容和標準。

雅石鑑賞應有標準

　　雅石鑑賞的內容和標準多種多樣，雅石收藏家劉清明等根據目前能被普遍認同的鑑賞內容，認為可歸納為「質、形、色、紋、聲、體、韻」。而雅石鑑賞家袁鼎榕等認為，鑑賞雅石宜從「形、色、質、紋、古、真、座、名」八字入手。八項齊備，乃為白璧無瑕；單項卓然，亦屬難得佳品。

　　每當提到雅石鑑賞的內容和標準時，人們眾說異詞。這也難怪，天然的石頭，誰喜歡，誰就能擺在家裏，去看，去品吧。但問題又來了，全國性的各地石展，是怎麼評出的金獎、銀獎呢？如果沒有一個相應的尺度，就只能靠評委們的感覺了。

　　老祖宗給留下了寶貴遺產，也就是標準──瘦、皺、漏、透、醜。但這也只是對外形要求的一部分。如按這個標準，柳州的水沖石，黃河的黃河石，南京的雨花石，臨朐的魯彩石，就排不上號了。

　　任何事物，都需完善老的，堅持好的，發展新的。發展新的，社會才能進步。

　　雅石鑑賞亦如此。紋、色、形、質，就較現實、全面地包容了當今可賞之石的四個要素，每一個要素還有較細的標準。

　　就賞石而言，人類所需參照的標準，所需的知識太多了，古老的、現代的、外國的、中國的、文學的、美學的、藝術的等包羅萬象。

　　畢卡索曾預言「真正偉大的藝術是東方的中國」。中國的天然藝術是當之無愧的最具意味形式的現代藝術，也是人類最原始、最古老、最富有創造性的藝術，與大自然最貼切，是一種發現的藝術，是最契合的天人合一的藝術，它集世界現代藝術創作手法之大成，容當代最新美學之精粹。如果原來不是，現在也是了，因為越來越多的人喜歡雅石藝術了。

　　現有的各類藝術，絕不是人類憑空想像出來的，它源於自然，又高於自然。

　　自然天成的雅石，不但具備了藝術性，而且集世界現代藝術創作手法，其作品有形神兼備的「雕塑」、西方寫實的「油畫」、細膩的「中國工筆劃」、生動的「浮雕」、黑白相韻的「水墨畫」，總之天上飛的、地上跑的、水中游的、古代的、現代的都出現過。

　　不同的雅石、不同的造型、不同的文化、不同的感悟、不同的理解，便有不同的定位。「只要好看就是珍貴的收藏品」，什麼叫好看？好看又是什麼標準呢？沒有比較，就沒有鑑別，沒有規矩，就不成方圓。

　　斷臂維納斯的殘缺，已被人們所接受，並定為殘缺美。那是因為它殘的恰到好處，如果受傷的只是兩個手掌或是頭，那它就只能叫殘了。

　　我們發現一塊珍罕之雅石，常稱為「奇美」，就是少見稀有的美。也有人把一塊普通

王世定藏石

的石頭就稱為奇美,雅石鑑賞家批評道:如果少見就叫奇美的話,別說幾十億人中沒有一模一樣的面孔,就是兩片相同的樹葉都沒有。對美的認識,目前美學理論可分為三種:社會美、自然美和藝術美。

人有意識、知識、藝術鑑賞力,不同的人有不同的藝術修養,就有不同的結論。儒家鑑賞雅石的標準是真、善、美;道家鑑賞雅石的標準是質樸;佛家鑑賞雅石的標準是禪。但這些各自的鑑賞雅石的標準,都不能單純拿某一種來作為鑑賞標準,更不能對自然天成、豐富多彩的石藝術,進行孤立標準的鑑賞。

任何一種藝術在鑑賞過程中都要有相對準確的鑑賞標準,鑑賞標準也不是單一的或籠統的,往往要根據不同石種的分類來確立不同的鑑賞標準。

沒有鑑賞標準的雅石鑑賞藝術是一種茫然的、混亂的、不規範的、失去生命力的藝術,因而無法形成對藝術的準確理解和鑑賞,更無從談起對它的探討和研究。所以我們需要有一種宏觀與微觀相結合,總體原則與類別原則相結合的雅石鑑賞標準。

雅石鑑賞的評價標準

雅石鑑賞中對雅石的評價標準就和對美女的評價標準一樣,各個人的標準是不一樣的。但也正如對美女的感覺,楊貴妃、西施都是人們眼中認可的大美女,審美還是有一個大體上的標準的,大多數人認可的雅石的評價標準主要有如下幾條:

1. 一眼看上去就能賞心悅目,有美感,有較高的審美價值,給人藝術的聯想;
2. 天然產出,盡可能不要有人工痕跡;
3. 花紋別緻,圖案、紋理或清晰逼真,或朦朧而給人想像;
4. 品相完好,石體完整,石形無損;
5. 顏色豔美,色調豐富;
6. 光澤溫潤,自然柔和;
7. 組合講究,特色明顯;
8. 珍奇罕見,獨一無二;
9. 意境深邃,回味無窮;
10. 意義特殊,內涵深遠;
11. 硬度宜大且塊度適中,利於運輸等;
12. 造型奇特,但外觀必須穩定、均衡;
13. 要有內涵,有人格的力量,對收藏者和鑑賞者起到精神激勵作用。

雅石鑑賞的評價標準遠遠不止這些,但這些都是主要的標準,在實際鑑賞活動中不可生搬硬套。因在雅石鑑賞中,各類石種之間雖有共同的審美標準,但畢竟石種不同,對其鑑賞評價標準應有所區別。如黃臘石,最重要的是色與質,要求皮殼流光溢彩,質地細膩緻密,若拿漏、透或象形的理論來欣賞黃臘石就很難找到一塊上品。再如太湖石貴在

王世定藏石

空靈，英石貴在峻峭，水晶貴在透明純淨，各種水沖石貴在硬度和水沖度，各種象形石貴在神似……正如對不同的畫種有不同的要求一樣，版畫講究刀法，國畫講究筆與墨，對其審美評價要因畫種而異，對不同石種的鑑賞評價標準也要因石種而異。

雅石鑑賞的具體標準

總結各方收藏家觀點，筆者認為雅石鑑賞的具體內容和標準有以下幾條。

(一)形狀標準

指雅石的天然外形及輪廓構圖情況，要求造型奇特，各觀賞面沒有人為加工痕跡。

形為石之體，一石到手，先觀其形。誰要說用紋、色、形、質取代瘦、皺、漏、透、醜，那他本身就沒有把它們之間的關係搞準。臺灣收藏家認為，它們之間絕不是相通關係，而是隸屬關係。皺可歸納到紋的範疇，而瘦、漏、透、醜可歸納到形的範圍。懸、垂、吊、掛、探，這也是對形的內容更好的完善。

石形可分為以下幾大類型：

1. 山川形勝類有的石頭如崇山峻嶺，此起彼伏，連綿不斷，氣勢磅礡；有的石頭似大荒丘，平沙流線，古壘殘碉，宛若宿景；有的石頭如夔門，似長城，端莊巍峨，令人肅然。此類石頭，集山川於方寸，積靈秀於桌台，讓人玩味無窮。

2. 具體物象類神人仙怪，飛禽走獸，花鳥蟲魚，建築樓臺，均若有所似，縱使初學之人，平凡之輩也能一目了然。

3. 抽象藝術類抽象者，似是而非，像與不像也。這類石頭，既不類山川，又不具物象，但一入眼簾，卻有一種潛在的魅力。或線條流暢，如行雲流水；或姿態優美，宛如雕塑，神形兼備。雖然意境朦朧，但卻賞心悅目。

4. 洞虛奇巧類，先天之石，經雷霆之震，風雨之侵，或受激流沖蕩，涓流所蝕，贊成石體多變，也洞繁多。鼓風則嗡嗡作響，捫之則鏗然有聲。通體上下，一股靈虛之氣。

(二)色彩標準

指雅石原本具有的天然色彩、光澤，要求色調豐富、色澤純正。

色為石之容，賞石玩石，講究純色。紅者，赤色如茶；黃者，色黃如蠟；紫色，閃耀如晶；墨者，顏如墨玉；綠者，蒼翠欲滴。總以純淨為好。

王世定藏石

雅石的色彩變化是極為豐富的。在賞石過程中，對色彩的要求，完全可以套用繪畫藝術的基本要求，如果不用各種藝術標準去品評雅石，還有更好的標準嗎？如果非要讓符合客觀情況的話，那就只有照片了。

中國的傳統水墨畫藝術已有上千年的歷史，發展到現在，不外乎還是黑白兩色，與所表現的主題實際也是大相徑庭。

談到色彩，「鮮紅的月亮、雪白的太陽、黑色的河流、綠色的人物。」作為雅石上所出現的這些「超自然」的現象，如果從繪畫的角度去思考，它會給人一種色彩上新的感悟。

別說把太陽看成白色，就是看成黑色都是現實的（日食）。如果是沒有月亮的夜晚，難道河流還會是透明的嗎？傳統的中國臉譜藝術，黑臉的張飛、紅臉的關公、藍臉的竇爾頓，不就是由臉的顏色來表現人物的嗎？

現在，首先是色澤光潔、純而不雜的石頭受到青睞。潮州黃、馬鞍綠、三江蠟、貴州紫、柳州墨等有色品種經久不衰，越玩越火，就是這個緣故。其次以組合色彩為佳。一石之上，不同色澤，交互融合，形成統一圖案，乃為石之上品。市面見得較多的有三類：一是簡單的文字圖案，字雖簡單，石卻奇巧；二是類物圖案，宇宙萬物，錯雜成相；三是詩韻畫面石，山川河流，春花秋月，濃墨重彩，如詩如畫，令人遐想。

有人說石是無聲的詩，立體的畫，然也。品評這類石頭，既要有豐富的學識，又要富於想像，還要有極大的耐心。簡單圖案，見而了了，無需費勁；複雜圖畫及朦朧圖像，卻需遠觀近察，細細玩味，立馬點題，實屬不易。

賞石如讀書，有些書語名通俗，言詞優美，讀來朗朗上口，有些書文詞古奧，晦澀難懂，但卻蘊藏著很深的哲理，只有反覆閱讀，細心領會，才能品出其中滋味。

王世定藏石

王世定藏石

王世定藏石

沈泓藏石

沈泓藏石

(三)質地標準

質為石之魂，石頭的質地屬石頭的內在之美。石之質地宜由表及裏、由此及彼加以觀察分析。首先，視其表面，若表面光，則為好石；若石質細膩，如膏如脂，又線條圓潤，手感良好，則為好石。

其次，審其石質。質地堅硬，不脆不崩，掂於手上，沉沉欲墜，鐵錘敲之，也無所損，亦為上等石質。倘若形狀奇特或畫圖清逸，更為上品。有些石頭，形也好，色也純，但質地嫩脆，經不得磕碰，卻不好入選。

再次，按其種類，石有普通石、稀有石和寶石之分。普通石要結合形色通盤考慮；稀有石種，平常罕見，縱使石形稍遜，但有特色，可作為石種收藏；寶石，類寶玉或碧，歷來為收藏家們所喜愛。

總之，質包括雅石的天然質地、結構、密度、顆粒、粗細、硬度、光潔度及有無天然石皮等。符合質地標準的雅石要求質地堅硬，外皮或光潔細潤、或晶瑩剔透、或粗獷古樸，質感好。

值得注意的是，某些稀有石種，表面有珠光寶氣，但內伏潛在危險，有強烈的放射因數，能致人以癌，致人以病。因此，收藏稀有石種，需瞭解地礦知識。該取該捨，心中有數。倘若有害，雖瓊玉不取，縱寶石不留。

連剛剛玩石的人都知道，石質是一個較重要的因素，按理論講，同樣的雅石，不同樣的石質，價格差距非常大。

(四)紋理標準

指雅石表面天然形成的紋理及皺褶等。要求清晰逼真、自然流暢，有韻律感。

石頭都有紋理。只是有的石頭深藏不露，有的石頭顯於其外。深藏不露者，不傷大雅。

紋特指石皮的變化，安徽的靈璧、淄博的文石、南京的太湖石，不同的石種，有不同的紋理，相同的石種也有不同紋理。這種紋理的變化越豐富，越參差不齊，越細微，就越有觀賞的可能性。

對紋理顯露其外的，則要細心審驗。某些石頭，一面整然，又有意境，但常受石頭上亂紋干

擾，一條二條，縱貫其間，成為莫大遺憾。但獨以紋理而得賞識之石亦為數不少。

如木紋石，紋石嵌於肌裏，露於木紋。有上品者，於木頭幾無差異，石之內，所含成分不同，硬度不一，位於江底，經水常年激蕩，軟者蝕失，硬者存留，造成後天紋理。這類紋理，藝術效果明顯。簇簇擁擁，重重疊疊，且長短各異，參差不齊，形成殘垣斷壁、古老蒼翠之態。獨置則為石玩，疊疊可作假山。故此，賞石評石，宜觀紋察理。用其巧宜，捨其雜亂。

(五)年代標準

年代標準的要點是古老，即成石的遠古，古為石之史。世上堪稱古董者，以石為最。

自盤古開天地，石則存焉，沿至今日，無可計年，尤其是化石類。同類化石，必以年代遠古者為貴，越古越好。

年代的遠古大抵可從三個方面加以考察。

一是研究化石原物的繁盛時期，追根溯源，據此可判斷化石形成的時間。

二是看化石的顏色，色澤愈深，碳化愈高，年代愈久遠。

三是檢驗其硬度，質地越硬，碳化愈高，年代愈久。一般石玩，不好論年代，但收藏時間卻另當別論。有些石頭早為民間收藏，沿襲至今，又有出處，偶爾得載，文學有述，尋而得之，自為珍寶。

(六)天然標準

天然標準即石頭出自大自然，且沒有人工雕飾痕跡，是真實的石頭，而不是假的雅石。真為石之本。

辯證說法，有真即有假，萬物皆然，石玩之美，貴在天然。若人工雕琢，刻意仿造，只能說是藝術品，不該列入賞石之列。但大千世界，芸芸眾生，庶人趨名，商人趨利，仿造加工者層出不窮，且其做工之高，手段之精，幾可達到以假亂真的地步。

黃河之「日月石」，圖像逼真，聞名遐邇，但造假者用紙縈石，剪成圖案，噴燈一噴，渾然成畫，比真者更美。柳州墨石，孔洞繁多，石形奇巧，仿造者錘擊釬鑿，隨意造型，然後用砂石打磨，用強酸浸泡，雖天工無法相比。賞石評石，切莫被這些假貨所蒙蔽，要獨具慧眼，細心審驗。

識辨真偽不為太難。形象過於逼真，線條過於細膩，圖像過於精美者，就值得疑心。天工之物，自然造化，或這或那，非此即彼，總有缺陷。況且，加工之物，總有痕跡，雖肉眼不見，放大鏡一照，則原形畢露。

(七)聲音標準

指雅石被敲擊後而發出的響聲。因石質不同而聲音有別，一般以清脆悅耳、韻味悠長的石音為最佳。

(八)體積標準

體積標準是指雅石的大小。一般認為石體長 30 公分左右為宜。

(九)神韻標準

指由雅石的質、色、形、紋等因素構成或表達出來的內在精神氣質、靈動之美，要求生動傳神、意蘊深遠。

(十)配座標準

配座是配石頭的基座。座為石之衣，完美的雅石，必須有好的座。

沈泓藏石

　　有石無座，形如裸體，無遮無蓋，疵瑕全露；有座不精，如穿破衣，囊囊散散，縱有冰晶之體，亦無落雁之容。

　　好的基座，既可掩飾石頭的疵漏，又可襯托石頭的特色，使優者更優，美者更美。有些石頭，裸露之下，看不出什麼名堂，但一經配座，則光耀奪目，身價倍增。相反，有些石頭，石很好，座不佳，置不醒目位置，也不起眼，這類石頭在展評會上往往吃虧。

　　配座需講究技巧，要因勢利導，循勢而為，突出優處，掩蓋不足。因此，品評石頭，既要看石，又要看座，而且要作為一個整體予以考慮。

　　一看色澤是否統一，倘色澤不一，搶眼彆扭，雖屬好石，終不為貴。

　　二看形狀是否協調，石走座連，大小合宜，左右相銜，石有先天靈氣，座有後天神韻，相輔相成，相得益彰，乃為上品。且百石百座，不能千篇一律。

　　三看做工是否精巧。精工雕琢，雲紋有致，座之本身就該是一件藝術佳品。

　　配上一個構思巧妙的座子，更能與雅石相映成趣，從而錦上添花。有時一塊石頭可配上幾個座子，從幾個不同的角度來命名和欣賞。

　　(十一)命名標準

　　對石頭的命名能起到畫龍點睛的效果。石、座、名應該是三位一體，不可偏廢。好的命名可起到三個方面的作用。

　　其一，點明主題。讓人開門見山，一目了然。

　　其二，激發想像，使人觀物思情，浮想聯翩，受到美的薰陶。

　　其三，抒發情感，詩言志，石也言志，作者由命題，可把自己的思想感情抒發出來。因此，評石賞石勿忘審題。若命題貼切，文采飄逸，又能借物抒情者，則為好題。倘文不對

題，遣詞粗俗，又無意境，石、座再美，算不得完美之作。

（十二）科學標準

一塊雅石，可以使人沉緬於對其玄妙奇幻中，有可能讓鑑賞者參無上禪機，悟宇宙大道。同時，雅石還是自然科學之分析和探究的物件，有一定的科學價值，激勵收藏者努力求知求證，因之使人達到癡迷、沉醉而膜拜的鑑賞境界。

總之，雅石鑑賞是一門高級的審美活動。鑑賞者自身要有良好的素質，要博覽群書，知識淵博，通曉萬物，還要有一定的賞石評石標準，對照品評，避免隨意，只有這樣，才能品出味道，賞出水準，才能做到公正、公平、合理，使人信服。

雅石的評選標準

雅石的評選標準是指各種雅石展覽中，評選雅石等級和獎項的標準。它不同於鑑賞標準，但它以鑑賞標準為基礎，鑑賞標準也因它而豐富。

根據雅石展覽的規定和一些雅石收藏家與鑑賞家的經驗，雅石的評選標準主要要掌握以下幾條：

（一）主景

占總分的 70%，著重考察：

1. 石形：指石頭的天然外形及輪廓構圖情況。要求各觀賞面沒有或基本沒有人為加工痕跡；

2. 石色：指石頭原本具有的天然色彩、光澤（含局部透光度）；

3. 石質：包括石頭的天然質地、結構、密度、顆粒粗細、硬度、伴生雜質與表現光潔

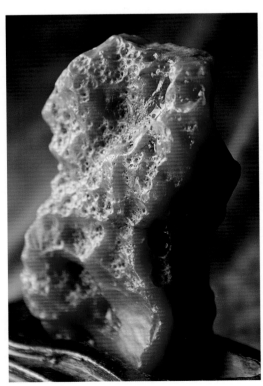

沈泓藏石

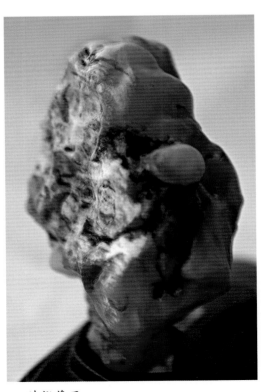

沈泓藏石

沈泓藏石

程度，以及有無天然石皮等；

4. 石紋：指石頭表面天然形成的紋理及皺褶等，部分石種允許打磨以使其天然花紋更加清晰，但不能刻畫或添加；

5. 由石頭天然的形、色、紋、質等固有因素構成或表達出來的主題、意境、美感、祥韻等文化內涵的審美、觀賞價值；對少數新奇、稀有石種可適當另行關注。

（二）基座

占總分的 20%。無論工藝座、根藝座、盆盤座或平盤座等，總要以能充分突出主景、渲染主題，使得上下協調、主次和諧為好。

（三）題名

占總分的 10%。要求貼切、深刻，能較廣泛地得到觀眾認同，並有一定的文化品位。

（四）按國際慣例拒絕各類化石、鐘乳石參展。

雅石鑑評試行標準

有關組織機構制定的雅石鑑評試行標準，又比收藏家論及的標準更細緻，這裏也附錄其間，有助於收藏者借鑑。

該標準認為：賞石具有天成的自然屬性，奇妙的藝術形象，豐富的文化內涵，被廣泛陳設或收藏。為規範雅石界業已形成的鑑評活動，促進雅石開發、經營、展覽、收藏的健康發展，引導大眾對雅石觀賞價值的趨向，推動雅石文化研究和產業化發展的進程，特制定本試行標準。

(一) 雅石鑑評範圍

具有欣賞價值的天成石體都可依本標準進行鑑評，但以下雅石不予鑑評：

1. 列入國家地質遺跡保護地區內的雅石；

2. 列入國家資源、文物保護的特殊石種，如鐘乳石、有科學研究價值的古脊椎動物化石等；

3. 放射性劑量超過國家有關規定的特殊石種；

4. 粘連、改色、充膠、雕琢等刻意加工的石體，但去汙、去皮、切底、劑浸等人工養護的雅石以及旨在揭示石體自然美而進行切割、打磨、拋光等加工的雅石（如大理石、雨花石、草花石等）則屬鑑評範圍之內。

(二) 雅石鑑評標準觀

賞石鑑評標準，是根據雅石評價因素，結合雅石發展現狀而制定的衡量雅石價值大小的準則。雅石鑑評標準以重點衡量雅石觀賞價值為主，兼顧經濟價值，雅石觀賞價值趨向應以自然為本，力求科學性、藝術性、思想性的統一。

雅石鑑評因素分為基本評價因素和輔助評價因素。基本評價因素以體現自然屬性為主，包括形、質、色、紋；輔助評價因素包括雅石神韻、座架、命名和稀有性（形成難度）。

(三) 雅石類型劃分

不同類型雅石觀賞主要審美的視點不同。根據雅石基本評價因素權重大小，結合地質學特性，將雅石劃分為四大類型：造型石、圖案石、礦物晶體、化石。

造型石：以體現雕塑藝術感為主的雅石。包括以模山范水為主的景觀石，以擬人狀物為主的具象石，以藝術造型為主的抽象石，以瘦、皺、漏、透為審美標準的傳統賞石。

圖案石：以體現繪畫藝術感為主的雅石。由於岩石中色彩變化而形成動植物、自然景觀及人物圖案的雅石。

礦物晶體：以單個礦物或礦物晶簇、礦物共生體、礦物集合體為主要觀賞物件的雅石。

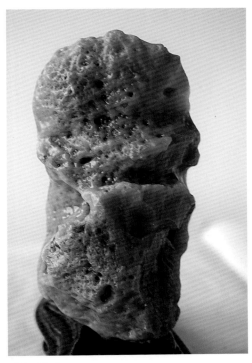

沈泓藏石

沈泓藏石

沈泓藏石

沈泓藏石

化石：以經過石化的古生物遺體、遺物或遺跡為主要觀賞對象的雅石。

(四)雅石品級劃分

雅石鑑評採用多因素加權法進行量值評價，原則上為百分制。先確定雅石評價的因素及對應因素的權重，再依有關因素細節分值予以量化。基本評價因素 80 分，各因素權重依據雅石類型不同而不同；輔助評價因素 20 分，其中意韻 10 分，座架 5 分，命名 5 分，稀有性（或形成難度大）酌情增加 5%，造型石切底和水沖石拋光者酌情扣減 5%，計入綜合統計分數。

雅石品級按綜合分值大小分為四級：60～75 分為藏品石，76～85 分為珍品石，86～95 分為極品石，96 分及以上為文物石（建議列入國家和地方收藏、保護對象）。

雅石鑑評一般採用經驗定性鑑評法和記分式量化鑑評法。為更好體現雅石觀賞價值的趨同性和真實性，雅石鑑定評估品級評定採用記分式定量鑑評法。

(五)造型石

形態（45 分）：主題鮮明突出，比例勻稱協調，觀賞視角較廣，主視面天然無損，品相好，富有氣勢和層次變化。

質地（20 分）：硬度高（摩氏硬度 5 以上），韌性大，質感好，手感好。有完整石表或風化層（水沖石須有一定水洗度，山石須有完整風化層，風礦石須有自然包漿）。

色澤（10 分）：色澤柔順協調，純正少雜色，對比度好，亮度高，紋理雜色與主題相得益彰，搭配合理。

意蘊（10 分）：具有豐富內涵和遐想空間。組合石搭配合理協調，既獨立城景，又組合成趣。

紋理（5 分）：有紋理者需疏密得當，自然流暢，曲折變化與整體造型相協調，無紋理者粗獷古樸，渾然一體。

底座（5 分）：應重心平衡，角度合理，烘托主題。材質佳良，工藝雅致。

輕，九年面壁祖佛成。祖佛成，空全身，全身精入石，靈石肖全形，少林萬古統宗門。」據傳，少林寺的這塊鎮寺之寶《面壁石》上的人物係中國佛教禪宗祖師、南天竺僧人達摩。

達摩於西元520年（南朝梁武帝普通元年）來中國後，在嵩山五乳峰石室（即後人稱之達摩洞）面對石壁修煉9年，以至精靈入石，在對面的石壁上留下了整個人體的影像。後來，僧人們把該石整塊鑿了下來，將其移至少林寺，當作聖物供奉。

經歷代文人墨客傳頌，面壁石聞名中外，視為奇觀，為少林寺傳世珍寶，成為遊人難以尋思的莫解之謎。據《登封縣誌》載：原有的「達摩面壁石」石長三尺有餘，白質黑紋，如淡墨畫。隱隱一僧背坐石上。

明代地理學家徐霞客曾到過嵩山，看到面壁石上「儼然西僧立像」。

與徐霞客同時代的文學家袁中道則寫道：「石白地墨紋，酷似應真（羅漢）像」。

清代姚元之著《竹葉亭雜記》中說：看面壁石上的影像「遠近高低各不同」「向之後退至五六尺外，漸昔人形，至丈餘，則儼然一活達摩坐鏡中矣。」

且不談少林寺原有達摩面壁石的去向如何，從上述可以看出，面壁石仍然是一天然雅石，並非是達摩面壁9年「精魄入石形影在」所致。

同是一塊雅石，人們從不同角度、方位、遠近、高低所觀察出來的效果也不盡相同。雖然效果不盡一樣，但是，酷似「人影像」這一最基本的「形象」，英雄所見相同。並不像有些人所說的那樣，一塊雅石一會兒看成是「天女散花」，一會兒又看成是「群英聚會」，只要有「悟性」，就能參悟出不同的「影像」。

雅石之道得道難

有史料記載的賞石文化始於商。

賞石、藏石是中華民族的傳統文化，是高尚的藝術審美活動。它能美化人們的生活，陶冶人的情操，促使人的身心健康。

賞石之風長盛不衰，這不僅僅因雅石表相之美使然，更因為雅石所能承載的文化內涵與中國傳統文化相一致，人們在賞石活動中，精神境界會因自然景物所

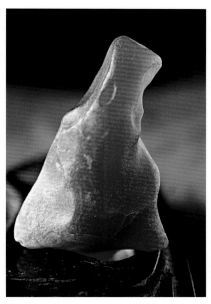

沈泓藏石

沈泓藏石

沈泓藏石

潛伏的生命力變得細膩、深邃、堅韌，乃至崇高起來。

在物質生活日益豐富的今天，在緊張和繁忙的商品資訊時代，人需要獲得片刻的返璞歸真，需要暫時恢復人的自然本性，追求一種天賜的自然之美，賞石文化便應運而生。

「賞石之道，入門容易得道難」一詞於賞石界傳誦已久，得到許多賞石家的認同而逐漸成為賞石的格言。其實這句話的道理平凡易懂，卻充分表現了立場相反的賞石基本觀點，就是「主觀」和「客觀」這兩種觀點上的差異。「主觀」是以自己的意思為根據的觀點，「客觀」是不堅持自己的成見，以冷靜、超然的立場由多方面的觀察推測而得的結論。

賞石之道，入門容易，通常是對主觀的賞石家而言。主觀的賞石家是根據自己的意思來欣賞，所以不太能接受客觀的觀點，也不在意第三者的反映，以孤芳自賞的姿態踏進賞石的大門，享受賞石的樂趣。

若以客觀的立場來賞石就沒有那麼單純了，因為賞石行為是屬於藝術活動的範圍，所以必須以審美的觀點來欣賞雅石。因為在現代化的社會裏，藝術活動和日常生活息息相關，如客廳或臥室的佈置、花木的修剪、聽音樂和看戲都屬於藝術活動的行列，所以任何人都有些藝術素養，只是個人的體驗有異而層次不同而已。因此主觀的賞石家也具備審美觀，只是其層次參差不齊。而客觀的賞石家若僅僅憑常識性審美理念也是無法達到客觀的要求。所以除了以美學理論為基礎外，對歷史、道德、宗教及地質等相關知識也需要充實和體驗，這才能形成高雅而有格調的賞石風格。因此，得道難的道理就在於此，但這卻是賞石行為藝術化的正常途徑。

藝術是「美」的情感的表現，通常藝術作品是藝術家把心中所感受的美具體而客觀地表現出來的。雅石雖非人為創作，但欣賞雅石和鑑賞藝術品並無不同之處。藝術家在創作過程

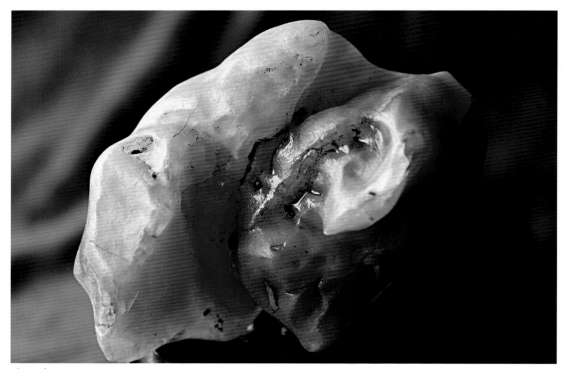

沈泓藏石

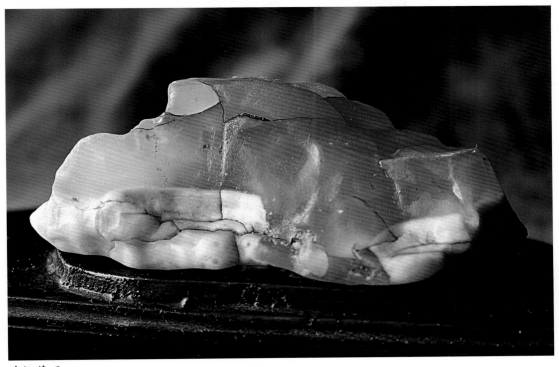

沈泓藏石

中也將作品的客觀性視為創作的條件之一，因為具有客觀性的作品，才能得到社會大眾的共鳴和認同。

若把賞石視為一種學問，以冷靜的態度慢慢探究和體驗，那樣就能體會到賞石的樂趣和人生的意義，不要以為入門容易而忽略了其奧妙所在。因此，「細水長流」的模式可謂一條暢通的「賞石之道」吧。

不同的收藏品有不同的鑑賞方式和境界。古玩講究的是年代、文化內涵和工藝水準；寶玉石講究的是晶質、折光、色澤、硬度和雕琢；工藝品講究的是精美和材質，字畫講究的是筆意和流派；攝影作品講究的是主題光線的運用和表露；山水盆景講究的是造型和佈局；花卉講究的是色香和花型；人文景觀講究的是風俗習慣和環境格局；雅石講究的是自然形成的圖案和造型所蘊含的雅趣和意境。對賞石之道體悟深了，就會進入一種鑑賞境界。

為了便於我們進一步理解與掌握選石和藏石的尺度，有必要去研究和探討人在賞識時思維活動的全過程以及賞石之精義。

石道無涯。賞石藝術博大精深，不同賞石者的賞石方式、階段（層次）和達到的境界均不盡相同。不同的賞石方式，會引導人步入不同的境界。有人將雅石鑑賞分為四種賞石方式，可以使人們達到四種不同的境界：一為觀石，二為品鑑，三為筆鑑，四為悟鑑。

賞石觀一遍不如讀一遍，讀一遍不如寫欣賞文章或詠石詩。

賞石不是單純看石，而是一種文化。賞石是一種玩味，一種思考，一種陶醉。為提高賞石水準，我們還得不斷提高文化品位，學習有關美學、地質學、國畫、書法及詩詞歌賦等方面的知識，不斷提高我們的收藏鑑賞水準。

雅石鑑賞的方法有很多，根據劉清明等雅石收藏家和鑑賞家多年的覓、藏、玩、賞之經

驗，認為目鑑、品鑑、手鑑、耳鑑、鼻鑑、心鑑等對於雅石鑑賞十分重要，綜合起來靈活運用，定會悟到賞石之道。

目鑑

目鑑就是用眼睛看，可以是帶著喜悅之情地觀賞，也可以是帶著疑問來研究。

一塊好的雅石，首先應該引起我們視覺上的衝擊，唯此方能使人悅目。

目鑑主要是鑑賞雅石的造型、顏色、紋理、體量。品其瘦漏透皺之秀、五彩繽紛之色、變幻無窮之紋、大小雄奇之體、點線面之協調。經由目鑑，雅石的主要特徵一目了然。

雅石鑑賞者依照自己的知識水準、愛好和情趣出發，以雅石中固有的質、形、色、紋等客觀存在的事物作為觀察物件，經過思維形成一些直接感知的印象，如質地堅硬、顏色美麗清晰及人物、山水的形象等。

目鑑得到的是屬於第一層次的直接觀感階段，引人步入感知美（形象美或畫境美）的境界。如僅有形象等感知美而沒有意境美的雅石，則屬於下品或等外品。

正是憑著對雅石的色、質、紋、形的目鑑，由人的感覺和知覺，使人產生種種情感，交融著人的文化素質即藝術細胞，產生了形象思維。這種思維在碰撞過程中，使人進入到一個自然的藝術境界，置身於意境之中。

意境是指實實在在的人和物，同虛擬的人和物，在人的腦海中所構成的一種景象。這種景象無法攝像和錄製，卻可以用語言和畫筆來描述。

色、質、紋、形是我們目鑑的依據，而目鑑之精義，雅石鑑賞家概括為雅、璐、豔、玲四個字。

一個雅字，濃縮了天地萬物之種種情景於雅石中的無限情趣；

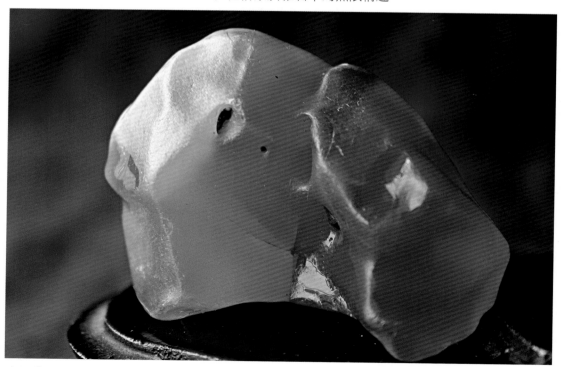

沈泓藏石

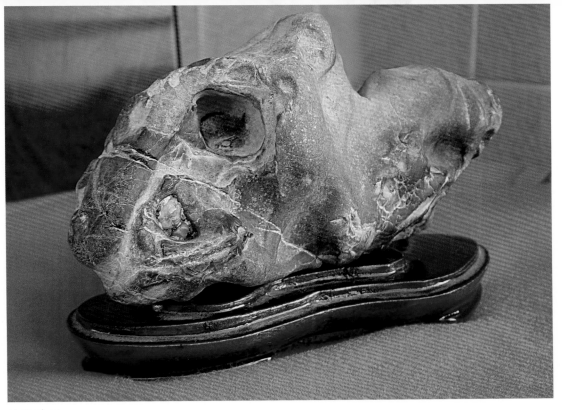

沈泓藏石

　　一個璐字，體現了美玉般堅硬潤澤的石質討人喜歡；

　　一個豔字，闡明了萬種石頭千種色彩以豔為酷，像鮮花一樣散發出陣陣清香；

　　一個玲字，包含了「漏、透、瘦、皺」傳統石玲瓏的外形和當今新石種渾厚與疏密之間的內在聯繫及辯證關係，容納了人的七竅之種種感受。

　　從感性目鑑到理性賞石，從形象思維到抽象思維，人的種種感覺借助和遵循形式邏輯與辯證邏輯的格式和規律，演化為今天的賞石美學理論，從直觀的賞石到今天賞石文化的誕生。

　　由目鑑，融合賞石美學理論的基本觀點，我們面對雅石時可區分和評判出石頭的優劣。賞石的最高境界不是目鑑，而是人意和石相通，情感與石相融，人的意念神遊於石魂的精氣之中，頓悟出世界萬物變化的玄機。這一切都要由目鑑來實現，透過目鑑，可得物像之境，圖畫之境，雖大都屬於表面層次，卻是雅石鑑賞的第一步，也是重要的一步。因為沒有第一步，就沒有第二步。

　　對於初入門道的收藏者，如何目鑑呢？上海的雅石收藏鑑賞家陳瑞楓總結出「六看」經驗，很有概括性，這「六看」是：

　　一看總貌即看總體感覺如何，是否一見鍾情，有無致命的缺陷。如是一見鍾情，取之細看。否則，就要將它捨棄。

　　二看造型，即看上下、四週六面，面面都要看到。如果是上無損、下座穩、四面都成景的山景石或其他象形石，就很難得了。即使只是像隻爪，像個蛋，造型單純，但生得很有等份（比例），完整無損，也是屬於好石頭。

　　三看紋理，即看圖案。不求石紋多而密，只要繁而不亂，少而不枯，富有動感、哲理和

神韻，給人以啟迪，就是好石頭。有塊石頭，上有一個淡化了的月亮，月下有棵被風吹動著的小草，構成了一幅「小草多情月含羞」的畫面，石紋很簡單，卻很有意境。

四看色彩，即看石頭的顏色是否豔麗、和諧、協調，遠近、層次、濃淡、反差等是否有考究。

南京有塊名為《天高雲淡》的雨花石，放在上海南京路「朵雲軒」展示，雖然它色彩很單調，由於顏色的深淺柔和得很協調，天地顯得很高遠，使人看了心曠神怡，有美的享受，幾年前，這塊小小的雨花石被一位海外雅石收藏家用 3000 元人民幣買走了。

五看質地，即看石頭的內在品質。主要是從石頭的表層、石膚來看石頭的硬度、密度與細膩、光潔的程度。

一般說，精於賞石的人，由肉眼、手感與鐵刀就可以知道某一塊石頭是屬於哪一類，哪一級，產於哪個地方，大約是哪個年代的石頭。

多年前，陳瑞楓在安徽靈璧縣山區考察，就在他快要上車返滬時，從一位山村青年手裏得到一塊紅地白花的石頭，非常美麗。後經開發，價格昂貴，現已定名為《五彩靈璧》，成為雅石百花園中一朵美麗的新花。

六看珍奇，即具有特殊審美價值、研究價值與經濟價值的石頭。如化石中清晰而完整的海百合、貴州龍、恐龍蛋群體，寶玉石和礦物晶體中造型好、富有觀感的標本，具有歷史意義與紀念意義的石頭，屬於很珍貴的文物、國寶範圍的石頭，都應及時提請國家備案或收藏。

在賞石、採石過程中要自覺保護文物珍品，保護資源。

這「六看」是雅石收藏家的經驗之談，值得初學者借鑑。

品鑑

即品石，是理解意境美的過程。對石的仔細觀賞，它可以激發人對石的情感，產生美的意念，領會到景有盡而意無窮的境界。

將雅石置於案几、庭堂、花園中，由雅石的色、質、紋、形所組成的幾何多面體，自然

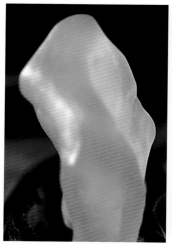

沈泓藏石

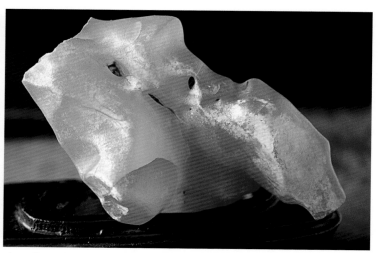

沈泓藏石

而然地映入到人的視網膜上構成圖像，然後由視覺神經傳遞給大腦，由大腦的識別系統來加以分類歸檔，從而使人產生了立體感、層次感、肌理感、疏密感，特別是雨花石，更具有絢麗感和晶瑩剔透感。

這種感覺的綜合過程便是印象在人腦中形成和記錄的過程。從感覺階段到印象階段，是賞石的初級階段。在這一基礎上，原先存儲於大腦中的審美觀和各門知識便發揮了作用，使人進一步產生了雄健感、纖巧感、活潑感、笨拙感、渾厚感、玲瓏感、清秀感、醜陋感、古樸感、剛柔感、韻味感、朦朧感、幻想感、神遊感，直至提升歸真為一種雅趣和意境。

品鑑是在不斷發現中進行的審美過程，由物到心，由表像到精神，可依次分為驚奇、讚美、默契等三個層次。

驚奇——在眾多的石頭中發現一塊與眾石不同的怪石，它能讓人眼睛發亮，引起人的好奇心。

讚美——經過對石頭翻來覆去的用心觀賞便可發現，從某一角度看去，石頭的色彩、線條、形體、塊面等構成了一種和諧的美，激發起人的審美欲望。

默契——再反覆觀察，會在某一時刻突然發現這塊石頭的物象與我們生活中所熟悉的，或睡夢中所夢見的，或幻覺中和想像中感覺到而又說不出來的某種事物極為相似，於是愛上了它，對它產生了感情。

手鑑

手鑑即「把玩」，就是拿在手上欣賞。

雅石和鼻煙壺、寶石、玉器、小型古董等其他收藏品，可以被收藏者反覆長久地摩挲。雅石的濕潤枯澀、粗糙緻密、堅硬脆碎、石體輕重等石質特點由觸摸可以瞭解得更加清楚。

耳鑑

耳鑑就是用耳朵去聽，用耳朵對雅石的聲音進行辨別。

能夠悅耳的雅石畢竟很少，但我們絕不會放過對每一塊雅石彈奏的機會。四大名石和新出現的各種名石中，各有不同的聲音。

靈璧石「聲如青銅色如玉」。

英石「其佳者質溫潤蒼翠，叩之聲如金玉……色枯

沈泓藏石

塤，可以吹出美妙聲音的雅石
（沈泓藏）

沈泓藏石

槁，聲如擊朽木，皆下材也。」

柳州的青銅石有「嗡嗡」之聲，似槌擊青銅器後發出的嫋嫋餘音。

黃河中游的木魚石，內有空腔或粉末，搖動時亦作響。

一般而言，聲音清越者，則細膩堅挺，常有光澤，少奇特之造型。

無金屬之聲而音沉悶者，石質粗脆，石色暗淡，多玲瓏之軀。

鼻鑑

鼻鑑就是用鼻子聞，從而品評不同雅石的特殊氣味。

當然，不是所有的石頭都有明顯的氣味的。只對那些味道明顯的雅石，鼻鑑才有特殊的功效。豐富的自然界無奇不有，因此能散發氣味的石頭並不罕見。個別礦物晶體即擁有自身特殊的氣味。廣西天峨就有遠在 30 米外就能聞到濃郁香氣的香石。

偶然間尋得一塊沁人心脾之石，其特異的價值必將非同小可。

心鑑

心鑑就是用心去感受體會。

心鑑是雅石鑑賞的最高境界和最終歸宿。

所謂「形象三分，心像七分」，此之謂也。

君子何獨愛石？趙爾豐說：「石體堅貞，不以柔美悅人。孤高介節，君子也。吾將以為師。石性沉靜，不隨波逐流，然和之溫潤純粹，良士也，吾樂與為友。」

心鑑，是當我們藏石逐步從感性轉向理性的時候，帶有哲理的意味，即使欣賞美也更多地從「大象無形，大成若缺，大美不言」上去體會。一個真正的賞石家，還能夠由鑑賞雅石

沈泓藏石

沈泓藏石

達到「善養吾浩然之氣」（孟子語）。

心鑑時，或者有所寄託，自適其意，石中蘊天機，可養禪悟性；或者覽湖山勝景，極遨遊之趣。

心鑑時，往往見石非石，忘記自我。

心鑑是以自己的審美觀念，經由聯想，想像而達到主客體之統一，了悟人生哲理，形成對世界和宇宙之獨到認識。

心鑑是現代都市成功人士想在喧囂煩躁的社交場合躲開金錢、聲色的追逐，突破曲意逢迎的爾虞我詐包圍，選擇的最好的休閒方式，就是一個人靜靜地去賞石、品石，與大自然作傾心交談。

心鑑雅石能使人心甯、心靜，這就是「石定說」的緣由；心鑑雅石能使人剛毅、果敢、雄渾、堅強，這就是雅石的品性與人心相默契。

筆鑑

筆鑑即寫石，用筆寫鑑賞雅石的詩文，達到更高的鑑賞境界。筆鑑是聯想，由意到韻，由妙到玄的境界。筆鑑不僅可以使人步入自然美、意境美，還可創造賞石的藝術美。筆鑑表現作者的思想水準、生活閱歷，是文化藝術修養全面體現，可以培養正確的更深邃的賞石觀。

筆鑑需要多方面的知識。因為雅石鑑賞作為一門高雅的視感藝術學，融美學、寶玉石學、山水盆景學、工藝美術學、繪畫、攝影、詩歌、哲理、人文景觀等知識於一體。

筆鑑，要收集和閱讀大量的有關文獻和資料，運用淵博的理論知識，不僅對雅石的主體形象要準確的發現和深刻的理解，賦予其藝術的生命或靈魂；同時還要進一步運用藝術方法在思想上進入聯想境界，拓寬思路和空間，使欣賞得到進一步提高、飛躍。

王承祥藏黃河石

從古至今，玩賞石頭走向筆鑑境界的人不計其數。如古人曰：「仁者樂山，智者樂水，好石乃樂山之意，蓋所謂靜而壽也。」白居易賦詩：「回首問雙石，能伴老夫否？石雖不能言，許我為三友。」「有妻亦衰老，無子方煢獨，莫掩夜窗扉，共渠相伴宿。」從中可領略到人有情意，石也就有了情意。

雅石鑑賞者由筆鑑，可以強化對雅石藝術美和神韻美的認識，可以引人步入更高藝術之境，還可以進行賞石交流，傳播文化。我們大力提倡賞石活動中的筆鑑，不是沒有道理的。

悟鑑

悟鑑是人石相融，天人合一的無限美妙的神秘境界。

「石不能言最可人，花如解語還多事。」正是一種悟鑑，賞花者多事，賞石者處處都能感受到雅石的美妙可人處。

悟鑑過程中，由於每個人的審美理念和行為各不相同，因此悟出的形象和神韻也各不相同。

有的像在讀天書，思索人生的哲理；有的像在畫圖畫，在石上練習美術創造力，汲取和積累繪畫的感覺；有的像在作詩詞，神遊於如夢如幻的天然藝術境界中；有的像在喝美酒，如癡如醉地品嘗著大自然的超凡脫俗的藝術構思；有的像在聽音樂，欣賞扭動著的紋理和造型帶來的節奏和旋律；有的像在同知己交心，暢談人性化的石中韻味；有的夢中還在賞石，以把握賞石藝術跳動的脈搏……

而這一切都離不開賞石的悟性、感覺、雅趣和意境。各類石種有不同的特點和風格，印象派和意境派是賞石的兩個階段和必然過程。

透過悟鑑，天長日久，石在人的心中已不再是冥頑之物，而是有品格、有情意、有操守的。石甯碎不曲，剛直不阿；石沉默於土中，鋪就康莊大道；石以堅強的毅力托起萬丈高樓；石沒有貪婪、沒有勢利，只有真誠、實在……這些都是人與石的共鳴，也是賞石人對高尚道德情操的嚮往和追求。

正如一位雅石鑑賞家所言：「由悟石，賞石者充分發揮理性認識的特長，對石頭有關內在美的要素進一步發現、理解和聯想，並有意追求和欣賞更高的藝術美；對雅石的精品和絕品來說，與其內在美有關的一些要素往往對賞石者有啟發、誘導或有密碼資訊溝通的功能。」

結果可形成石人和諧、融為一體，使賞石者可悟出一般人看不見、想不到和識不出的美

沈泓藏石

沈泓藏石

沈泓藏石

妙境界。

發現妙意是鑑賞的目的

孫美蘭主編的《藝術概論》一書中有這樣一段話：「任何藝術品，如果不被人欣賞或者不成為審美物件，那它就不能稱為藝術品。」

雅石鑑賞家李祖佑先生認為，鑑賞雅石就是一個藝術創造的思維發展過程，也是人的創造力的表現過程，整個過程是在人不斷發現自我，以及不斷發現雅石之美的情感交流活動中完成的。

藝術品是藝術活動過程中產生出來的物品，是藝術語言的載體或藝術語言的具體形態。自然造化的頑石在沒有被人發現之前，因不曾參與過藝術活動，不載有人的情感信息，僅是自然界的一塊石頭，一種自然現象，並不具有美的屬性。雅石成為藝術品的充分必要條件是人的參與，即「天賜雅石，人賦妙意」。妙意是什麼？是鑑賞過程中的發現、換境（改變石原來的自然環境）、立面、題名、賦詩，注入文化含量和情感信息。

只有當人們用一雙藝術家的眼睛去審視雅石，用從心底湧起的一縷真情去鍾愛雅石時，雅石才具有藝術、道德或宗教的意境，才有了「可人」之處，而演化成一件令人傾倒的藝術珍品。

據介紹，柳州雅石城的展覽大廳中，曾展出過一塊卵石，這塊卵石的第一個發現者發現它「好看」，於是把它從原來的環境中拿出來，換了幾個錢。第二個發現者發現石上呈現出一個字，感到遺憾便加上一點使其成「官」，結果是弄巧成拙，令該石俗不可耐。第三個發現字中隱含社會上某種人的複雜心態，為石題名為「差一點為官」，這樣一來，此一石便非

彼一石了，它具有了諷刺韻味和幽默感，具有了漫畫的藝術效應而登上大雅之堂，成為一件能吸引人的心靈的藝術品。這是收藏者對這塊非他親手製作的、現成的自然石發生了某種精神性或者說是某種「創造性」作用的結果。

發現妙意往往是感官綜合作用的結果，是目鑑、心鑑、悟鑑等同時作用的結果，如鑑賞長江石，有鑑賞眼光的人首先發現的特點是雄秀相兼。秀是長江石的風姿，雄是她的靈魂。進一步發現，長江石的雄秀表現在她具有豐富多彩的藝術美的內涵，其妙意在於它具有特定的天然美、絢麗的色彩美、變化的線條美、光潤的石質美、外姿的形象美、誘人的裝飾美、絕妙的朦朧美、絕拙的含蓄美、神秘的空靈美、深邃的意境美，最終獲得極高的藝術美的享受。

由此可見，鑑賞就是一種再創造的過程，發現妙意正是鑑賞的目的。

知識是鑑賞的基礎

知識是由書本學習和實踐得來的。俗話說：「學則進」，不要以為賞石就是看看石頭，其實鑑賞如同藝術家創造藝術品，需要很高的學問，涉及的知識面很廣，是一門綜合性的科學。所以有人說，收藏家和鑑賞家比書畫藝術家還要高一個層次。

賞石不但要掌握美學知識，還要涉獵文學、藝術、哲學、經濟學、寶石學、考古學、化石學以及歷史、地理等方面的知識。學識越廣博，越能發現與捕捉雅石自然美的神韻，使人能步入更輝煌的雅石天地。一次，雅石鑑賞家陳瑞楓竟把有皮的新疆白玉當成一般的卵石，又把有皮的石核當成恐龍蛋化石。曾有一位書畫家到他家賞石，在亂石堆裏發現一塊出自戈壁灘的砂礫石，發現了其中的美，題名為「混沌初開」。當時陳瑞楓不理解。後來從宇宙學裏找到了根據，才知道這是一塊好石頭，並配製了紅木座，參加展出，結果受到了好評。這

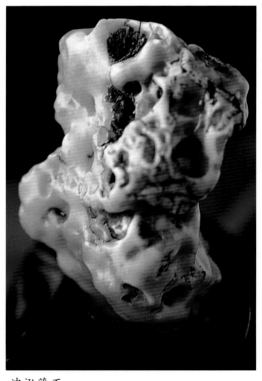

沈泓藏石

沈泓藏石

件事使他體會到：賞石入門易，入道難。難就難在缺少知識，因為知識是賞石的基礎。

除了多讀書，多交友，向書本學習，向師友學習，還要理論聯繫實際。對賞石而言，賞、看就是實際，也可以說就是實踐。反覆看就是反覆實踐，書本知識要與實際相結合。

有經驗的雅石鑑賞家特別提醒，賞石不可走馬觀花，心急賞不出好石頭。有些富有內涵的好石頭，往往就是因為一看而過，不能被發現。當然也有一見鍾情不要多看就能發現的好石頭。有人說，這種機遇是因為有「緣分」。也有人說，一見鍾情是因為人有人性，石有靈性，兩性一旦相通，就會給人產生一種閃電式的激動，故一見就鍾情。

雅石鑑賞當成流派

各地文化背景的差異形成不同的文學藝術流派，如文學上的山西山藥蛋派，藝術上的長江畫派、西安畫派、嶺南畫派等，雅石鑑賞也應形成流派。

雅石鑑賞形成流派有利於雅石藝術的發展，它與畫派風格有天然淵源。事實上，有些地區雅石鑑賞已經形成了流派的雛形，如上海。

在藝術鑑賞界，「海派」概念的形成最早來源於清末民初大畫家任伯年等的「海上畫派」，後上海古玩界玩中西古典傢俱的收藏家又玩出「海派傢俱」的概念，上海石玩界用紅木做底座玩靈璧石等傳統供石的石玩家又玩出「海派賞石」的概念。

如今，「海上畫派」已成為繪畫傳統寫入繪畫史；「海派傢俱」也早已被北方和南方的古典傢俱收藏家公認是古典傢俱收藏的一朵奇葩；唯有「海派賞石」雖然也早已在民國年間逐漸形成，但由於理論上缺乏總結，還沒完全上升到一種高度。

與「海上畫派」、「海派傢俱」相比，「海派賞石」名聲還比較弱。但反過來講，由於「海上畫派」、「海派傢俱」已成定式，作為傳統已難以再發展。而「海派賞石」尚有極大的理論發展空間，可以說，為「海派賞石」理論注入新的活力，注入新的內涵，又成為上海賞石理論家的一個當務之急。

傳統的「海派賞石」比較具體的玩法主要指玩任何一塊靈璧石、太湖石、昆石、英石等都要置紅木底座。明式底座來源於明式傢俱，講究線條的靈秀、簡潔、流暢。清式底座來源於清式傢俱，講究氣勢、紋飾、雕工。當然再為石玩配上古色古香琴桌幾案、詩詞圖畫，也是「海派賞石」的一部分。

新潮的「海派賞石」比較抽象，是真正的「海納百川」的文化心態衍生出來的賞石觀，即不管是天上的隕石、山上的山石、水裏的水石、礦裏的礦石、沙裏的沙石、岩裏的化石、海裏的貝殼化石等都可以玩，再用木頭、樹根、石頭置傳統的、新潮的石座、石框，再賦其名稱，配上

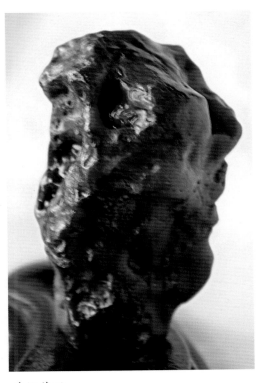

沈泓藏石

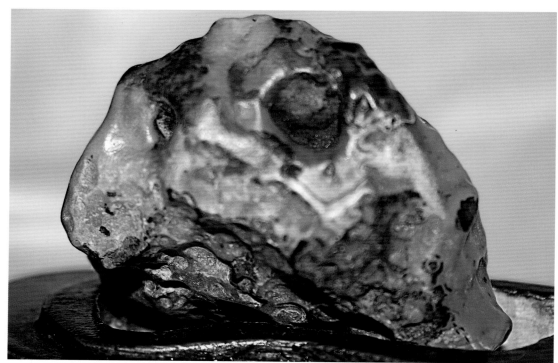

沈泓藏石

詩畫及文章,這種玩法是上海地區最流行的,如新建立的「上海石城」就是例證之一。

不產雅石的上海沒有那種狹窄的本土賞石觀念,只要是好石頭都可以玩。為此,上海石城的創辦,傳遞出一種新潮的「海派賞石」的新觀念,這對完善「海派賞石」理論,具有非常重要的現實意義。

所謂的海派賞石理論,最簡單地說就是既繼承古代賞石文化的精髓,又追趕當代賞石文化的新潮。所以,上海的海派賞石家會更多地去尋覓、收藏新出的好石頭而不是排斥,上海的賞石理論家會更多地去汲取總結新潮賞石理論,而不是拒絕。為此,海派賞石理論的構建與完善,將會大大推動中國賞石文化的發展。

走遍天下玩觀賞石,來到上海賞天下石,「海派賞石」幾將在中國賞石界成為流行新時尚。

從海上畫派、海派傢俱到海派賞石,上海早已成了一塊生長特有的具有海派風格藝術果實的土壤。上海面向海洋,海派文化在雅石鑑賞上有更新潮、更時尚、更寬容、更開放的觀念,這正是上海率先形成賞石流派的優勢。

雅石鑑賞的技巧和方法與情感和知識有關,與熱愛和癡迷有關,有時,正是想到就得到。從雅石的形、質、色、紋,到雅石的點、線、畫、聲、味,這是雅石鑑賞觀演化和發展的結果。五色七彩皆地就,千姿百態乃天成。

我國雅石資源非常豐富,而且石種繁多,形態奇特,難以觀測。因此,如何觀賞中華雅石需要很深的學問,善於鑑賞對於雅石收藏投資者來說是至關重要的。

根據眾多雅石鑑賞家的經驗,目鑑、品鑑、悟鑑、筆鑑、手鑑、耳鑑、鼻鑑和心鑑對於雅石鑑賞缺一不可,綜合並靈活運用,定會受益匪淺。

第十六章
各種雅石鑑賞

花如解語還多事，石不能言最可人。

——南宋・陸游

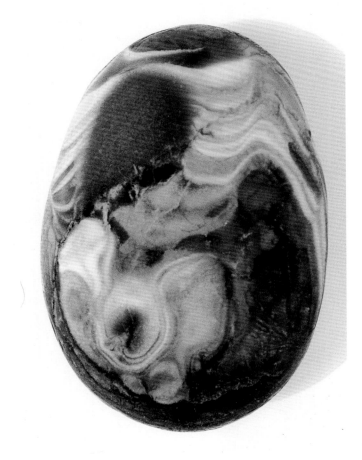

王世定藏石

　　中華地大物博，雅石品種繁多，如何對不同品種的雅石進行鑑賞收藏，這裏不能一一道來，只能對最重要也最常見的一些雅石進行介紹。

太湖石鑑藏

「錯落復崔嵬，蒼然玉一堆，峰駢仙掌出，罅拆劍門開。」白居易詠太湖石的詩句，一下就把我們引入了這種千古名石營造的意境之中。

太湖石為我國古代著名四大玩石之一，因產於太湖而得名，它是指產於環繞太湖的蘇州洞庭西山、宜興一帶的石灰岩，其中以黿山和禹期山最為著名。因此太湖石又稱「洞庭石」，有水、旱兩種。在水中者為貴，因久為波濤沖擊，四面玲瓏，成為嶙峋俏麗的秀石；在山上者為旱石，比較枯而不潤，棱角分明，難有婉轉之美。

太湖石屬於石灰岩，多為灰色，少見白色、黑色。石灰岩長期經受波浪的沖擊以及含有二氧化碳的水的溶蝕，在漫長的歲月裏，逐步形成大自然精雕細琢、曲折圓潤的太湖石。

馬永新藏太湖石

現在還有一種廣義上的太湖石，即把各地產的由岩溶作用形成的千姿百態、玲瓏剔透的碳酸鹽岩統稱為廣義太湖石。

太湖石為典型的傳統供石，以造型取勝，「瘦、皺、漏、透」是其主要審美特徵，多玲瓏剔透、重巒疊嶂之姿，宜作園林石等。其色澤以白色為多，少有青黑石。太湖石一般體量較大，最高可達三五丈，幾尺至丈餘的為中等，一兩尺高的比較少，故特別適宜佈置苑囿庭院，而作為室內清供的比例相對來講較小。

太湖石從唐代開始得到特別的重視，唐代身居相位之尊的牛僧孺就是一個酷愛收藏太湖石的人，他在府第歸仁裏和南郭的別墅中藏太湖石極富，白居易稱他「休息之時，與石為伍」，甚至到了「待之如賓友，親之如賢哲，重之如寶玉，愛之如兒孫」的地步，可見其愛石之深。

到北宋後期，太湖石的身價更高了，東京開封堆壘大型假山「艮嶽」，其中最有名的兩方巨石均高達四五丈，宋徽宗非常喜愛，分別賜名「神運昭功敷慶萬年之峰」和「盤固侯」。

北宋滅亡後，一些未及北運的太湖石便遺散各地，如上海豫園的「玉玲瓏」、蘇州留園的「冠雲峰」、南京瞻園的「仙人峰」等，其中以「玉玲瓏」最負盛名。

雨花石鑑藏

雨花石是世界觀賞石中的一朵奇葩，它主要產自揚子江畔、風光旖旎的儀征和南京雨花臺。

雨花石形成於距今 250 萬年至 150 萬年，是一種天然花瑪瑙，主要出產於江蘇省儀征市境內，其產量約占全國總量

王世定藏雨花石

沈泓藏雨花石

的 90%，為全國最大的雨花石產地。所產雨花石之質、形、紋、色、呈象、意境六美兼備，被譽為「天賜國寶，中華一絕」。

　　據民國人趙汝珍記述，當時由於雨花臺地區狹小，不能任人挖掘，當地人便到浦口、塔山一帶挖掘，攜至雨花臺售賣，以欺騙來往過客。文人慕其名而購之。

　　儀征市雨花石資源十分豐富，據江蘇省地質三大隊對現有開採塘口的勘查，雨花石儲量約為 900 萬噸，球石資源儲量達 5000 萬噸以上，絕大部分資源集中於月塘鄉。

　　古人認為雨花石不是寶玉勝似寶玉的品評是恰當的。人們研究發現，《紅樓夢》中賈寶玉呱呱墜地時口中銜的「大如雀卵，燦若明霞，瑩潤如酥，五色花紋纏護」的通靈寶玉，隱指的即是雨花石。

　　雨花石以「花」為名，花而雨，美麗迷人。南朝梁代以後，流傳著一個神話故事：「梁武帝時期，高僧雲光法師在石子崗講經，精誠所至，感動上天，天花紛紛墜落，落地化作五彩石子」。

　　後人將沙礫石層中所產的瑪瑙石、蛋白石、水晶石玉髓、燧石等統稱為「雨花石」。宋人杜綰在《雲林石譜》中稱：「真州（即今儀征）水中或沙土中，出瑪瑙石」。

沈泓藏雨花石

靈璧石鑑藏

「靈璧一石天下奇，聲如青銅色如玉。」這是宋代詩人方岩對靈璧石發出的由衷讚歎。靈璧石，又稱磐石，產於安徽省靈璧縣磐石山北麓平疇間，此處古代就有泗水流過山北。

靈璧石開發極早，早在《尚書·禹貢》中，就有徐州上貢「泗濱浮磬」的記錄。磬，即指磐石，孔安國《尚書·傳》解釋道：「泗水涯水中見石，可以為磬。」另據《拘櫞篇》記載：「泗水之濱多美石。」戰國時代齊國的孟嘗君得知後，即遣使者「以幣求之」。泗濱人獲悉以「養食客數千」而名滿天下的孟嘗君愛石，便裝了滿滿十車美石要送去，孟嘗君為此親臨泗濱。後來，這批美石分給「諸廟以為磬」。

其實，「泗濱美石」就是後來所稱的「靈璧石」。靈璧石為世人矚目，已有三四千年的歷史，在供石家族中歷來佔據顯赫的地位。《雲林石譜》匯載石品 116 種，靈璧石被放在首位介紹；明人文震亨撰寫《長物志》，稱「石以靈璧為上，英石次之」。

自古以來，有名的藏石家也無不藏有靈璧珍品，其中叫得出名目的就有蘇軾的「小蓬萊」、范成大的「小峨眉」、趙孟的「五老峰」，等等。據載，宋徽宗十分珍愛一塊靈璧小峰，此峰高僅五六寸，深胡桃色，玲瓏秀潤，十分可愛。徽宗題了「山高月小，水落石出」八字，命人鐫於峰側，並鈐了御印。此石輾轉流傳到明代，後就不知所終了。

另據明人王守謙《靈璧石考》一文稱：「海內王元美（世貞）之祗園、董元宰（其昌）之戲鴻堂、朱蘭（之蕃）之柳浪居、米友石（萬鐘）之勺園、王百（榫登）之南有堂、曾蓮生之香醉居、劉際明之悟石齋、劉人龍之夢覺軒、彭政之齒室，清玩充斥，而皆以靈璧石作供。」

王世定藏靈璧石

靈璧石（沈泓攝）

王守謙以上所提諸人，大多是明代後期的大名士。他們都如此鍾愛靈璧石，也說明靈璧石有其獨特的魅力。這魅力自然是由其自身的特點，如造型、石膚、色澤等所決定的。

鑑賞靈璧石應從如下幾點來入手。

一看造型

靈璧石有大有小，天然成形。大者比較難覓，高廣達數丈如「卿雲萬態奇峰」，宜置於園林庭院，立石為山，峰巒洞壑，岩岫奇巧，如臨華岱；中者可作小丘蹬道、河溪步石、池塘陂岸綴石、草坪散石點綴；小者最多，主要作為齋室廳館的清供，亦可裝點盆景。

靈璧石線條柔和，石表清潤秀奇，坳坎變化，乃千姿萬態，妙趣迭出。王守謙等人說，在他們目驗的靈璧石中，有的如游魚，有的如臥牛，有的如翔鳥，有的如游龍，有的如荷花靈芝，有的如仙人高士，不一而足。更多的靈璧石則具備了「皺、瘦、漏、透」諸審美特點，雖一拳之小，亦能盡藏千岩之秀，有「試觀煙三山外，都在靈峰一掌中」的意境。明人謝文在《金玉瑣

靈璧石（沈泓攝）

碎》中評靈璧石就云：「蓋皴法若畫，峰巒洞壑，無不畢肖。」

二看石膚

靈璧石的肌膚往往岩嶙峋、溝壑交錯，粗獷雄渾、氣韻蒼古，似乎歷盡滄桑，給觀賞者一種凝重感。石表常見的紋理有胡桃紋、蜜棗紋、雞爪紋、寶劍痕、彈子窩、蘑菇頭、樹皮裂、黃沙紋、乳丁、裙折、綯帶、水道、臥沙、金星、玉脈、赤線、蟹爪以及通孔、半穴。

有的靈璧石膚則圓潤細膩，滑如凝脂，入手使人暢心怡懷，這種石把玩摩挲，火氣消盡，愈久愈佳，溫潤爾雅，韻味十足。

三看色澤

靈璧石色以黑、褐黃、灰為主，也有白色、暗紅、五彩諸色，有的黑質白章，間或有細白紋或黃紋，或雜色如塊狀隱嵌於石面，如前文所稱金星、玉脈、赤線、黃沙紋者即是。靈璧一般以黝黑如漆者為佳，但也有的白靈璧、五彩靈璧更為奪目。

四看硬度

靈璧石質的硬度在 6 度至 7 度，最符合供石的條件。供石硬度低，易風化剝蝕，難以保養長久；硬度過高，則難有多姿的曲線。靈璧石既堅固穩實，有分量感，又能給人以溫潤感，就與它的硬度密切相關。古人在靈璧石辨偽時，往往以利刃刮之，不能刮出石屑者即為真品。

五聽聲音

靈璧石的音質彷彿古代編鐘。無論是用小棒輕擊，還是僅用手指微扣，都可發出之聲，

且餘韻悠長，所以靈璧石之音有「玉振金聲」之美稱。歷來的論石專著也都把靈璧石「聲音清越」作為突出特徵，大加讚賞。我國古代的石質樂器——磬，也將靈璧石作為首選材料，明洪武年間曾以靈璧石作磬遍賜各府治文廟即是一例。

靈璧古石，尤其是其中的名石，稱得上舉世之寶，然滄海桑田，歷遭百劫，現存世者寥寥。今靈璧縣西關電影院西側，為北宋蘭皋園遺址，有靈璧石一座，瑰偉異常，是故園遺物。

北京一些公園亦存有靈璧古石，如社稷壇西門外小土山之南一座靈璧石，上面刻有乾隆御書「青蓮朵」三字，原是南宋杭州德壽宮的陳列物，乾隆南巡後運往北京。

今河南開封市相國寺內尚存靈璧石一座，座下鐫刻著「艮岳遺石」四字，據考確為北宋遺石，彌足珍貴。

隨著奇石熱的興起，海內外來靈璧求石者日眾，於是當地農民視採石為致富途徑，日夕奔走於山間覓石，但是少有採得可供賞玩者，當地人士驚呼，靈璧石資源已瀕臨枯竭。為此，靈璧縣建立了一個「中國靈璧石館」，旨在收集與保護靈璧精品。

英石鑑藏

英石在古代是一種重要的雅石，受到歷代名人賞識。「奇峰乍駢羅，森然瘦而雅」，這是明人江桓在獲得三峰英石之後發出的讚歎。英石亦為四大名石之一，它開發比較早，在北宋人趙希鵠的《洞天青祿》、杜綰的《雲林石譜》中即有著錄。

英石又稱英德石、英德太湖石，因產於廣東英德縣而得名。英德縣地處粵北山區西南部，岩溶地貌發育，裸露的石灰岩石山嶒峙地面，風景奇麗。崩落下來的岩石，有的散佈地面，有

的埋在土中，經過流水的溶蝕，年長日久，就風化成各種形態奇異、花紋錯雜的石塊。

英石與靈璧石同屬沉積岩中的石灰岩，主要成分是方解石，但硬度不及靈璧。英石分為水石、旱石兩種，水石從倒生於溪河之中的岩穴壁上用鋸取之，旱石從石山上鑿取。一般為中小形塊，但多具峰巒壁立、層巒疊峰、紋皺奇崛之態，古人有「英石無坡」之說。英石色澤有淡青、灰黑、淺綠、黝黑、白色等數種，以黑者為貴。

由於當地岩溶地貌發育較好，雨水充沛，山石極易被溶蝕風化，故石表多深密褶皺，有蔗渣、巢狀、大皺、小皺等狀，且有嵌空石眼，玲瓏婉轉，精巧多姿。英石質堅而脆，扣之有共鳴聲者為佳。

英石由於鑿、鋸而得，正反面區別較明顯，正面凹凸多變，嶙剛崎崛，背面往往平坦無變化，若是選取得當，正反皆有可觀，則愈益可貴。

流傳至今的英石名品有「皺雲石」。此石嵌空飛動，形如雲立，高八尺有餘，狹腰處僅尺餘，黝黑如鐵，搖曳空靈。清初藏於循州節署，為總兵吳六奇所有，適其恩師查繼佐來做客，見到此石，摩挲把玩，流連不去，並題名「皺雲」。後查繼佐回到老家浙江海寧，只見此石已屹立於屋後百可園中了。原來吳六奇見其甚愛此石，命部下不遠數千里晝夜兼程運至海寧。查逝世後，皺雲石曾輾轉流至海鹽顧氏、海甯馬汶手中，後馬汶之甥蔡小硯將其移置石門溪鎮之福嚴禪寺，此石現存杭州苗圃掇景園中。

由於歷代的開採，現代園林建築的大量需求，玩石愛好者的增加，石源奇缺，而產於水中的英石已極難搜到。而產於山上的英石，也日漸見少了。

那麼，英石是否已成為無源之石呢？有收藏家認為，英石雖是以始發原地而得名的，但並非是該地方的特產。凡是石灰岩地貌的山上或水中，都應可能有同一品種的英石。事實上，有收藏家曾在廣東省的清遠、陽山、雲浮、羅定等地，搜集了一些優質的英石珍品。可見，英石的資源分佈比傳統的記載要廣泛得多。

英石產地主要在今英德市的望埠鎮、冬瓜鋪、石灰鋪、大站、大鎮一帶，而以望埠為中心。在望埠至青塘鎮、望埠至冬瓜鋪的公路邊、山道旁有多處英石的集結點、銷售點，附近幾處山上也多有石場。

從實際情況看，採石主要是在山上，不像宋明時記載的「就水中奇巧處鑿取」。這裏附近的水域岸邊甚少有英石。黃臘石、卵石倒不少。可能是宋明時需要量少，偶或在山腳岸邊處可鑿取，於今需要量大，只能是開山掘石。其開採有從泥中挖取者，有露天炸山開採者。其中露天開採者為多。

有好幾座山均為積疊狀的英石，開採出來的英石從顏色看，有黑色的，較細密堅硬，當地人叫石骨，有青灰色的，有灰白色的，有霞灰紅的數種。以青灰色、灰白色者為多。從形狀看，可分三大類。一為溶蝕狀的，多從土中挖出，蝕痕多呈弧形，少棱角，大者丈許，小者盈尺，多呈長塊形，屈曲圓回，常有蝕洞、蝕隙，狀類太湖石。

另為風化加溶蝕狀者，多在露天外，呈層疊式，常參差不齊整，左右互疊。小者如掌片，大者逾立方。常是多片交互參差積疊，橫放如積石山，豎放斜放如峭壁。

再一種也為風化加溶蝕狀，全石多片塊狀如松樹皮，或有旋渦紋，或有行雲流水紋，也有邊缺，有空洞，常為白灰色或淺赤紅色，質較脆，硬底較低。

從英石的幾種形狀看，只有第一種類似太湖石的形狀，其餘占數量較多的兩種形狀均與

王世定藏石   沈泓藏石

太湖石不同，特別是第二種層疊狀的，倒甚似千層石，有的就是市面上所說的千層石中的一種。所以把英石歸入太湖石類，似不大恰當，當獨立城一石種。

黃臘石鑑藏

礦物學上的蠟石是葉蠟石族，其成分為鋁、矽，時有少許鈣、鉀參與，屬單斜晶系，通常成片狀、放射狀或緻密狀結合體。

隱晶質緻密狀體俗稱壽山石（或凍石）。其特點是硬度低，僅 1.5～2 度，顏色有白、黃、淺藍或灰色。其中黃色者可稱黃臘石，具珍珠光澤或油脂光澤，有滑膩感。

不少雅石收藏家、玩家和奇石愛好者常在河灘撿一種黃色卵石稱黃臘石。實際上，在河灘撿的所謂黃臘石一般多是一種呈黃色石英岩（或矽質岩），成分為二氧化矽，它的硬度大，6～7.5 度。廣東省潮州市產的黃臘石就是此種石。它是因岩石長期被河水搬運磨蝕，表面較光滑，質地細膩，具臘質感，色澤狀如黃臘，故以顏色稱之為觀賞石。但是，據地質學家稱，在河流卵石灘是不可能有礦物學上稱的黃臘石的。

收藏家當成雅石收藏的黃臘石是矽化安山岩或砂岩，內含鐵、石英，因質地似玉，溫潤而堅，顏色帶有黃色光澤而得名。

黃臘石古時出產極少，初以為僅真臘國產。《金玉瑣碎》云：「臘石者，真臘國所出之石地，質堅似玉，非砂石不能磨與琢也，昔人曰亂玉、即臘石也。」後來，廣東、廣西一帶所出黃臘石漸漸出名。近年，甘肅、內蒙古也有發現，但較為稀少。

黃臘石不以「皺、瘦、漏、透」勝，而以石表滋潤細膩，顏色純黃、耀人眼目而受人鍾愛，梁九圖在《談石》中就說：「臘石最貴者色，色重純黃，否則無當也。」它的造型，或抽象，或具象，總給人一種敦厚的感覺，引人親近。

稱為臘石，是因其主要特徵為臘質感強，而由此顯出的應為油脂或樹脂光澤。上品顯玉脂光澤，既浮於表又斂於內，細膩溫潤且堅韌。我國真正意義上的好臘石，莫不出於嶺南，而在嶺南地區，八步、粵北、臺山和潮州這幾個地方的臘石具有代表性。從質地方面看，它們具有硬、韌、細、膩、溫、潤等諸多特性。它們絕對沒有令人生畏的野氣，有的只是溢於表而納於心的溫和與靈氣。更為難得的是，八步、粵北兩種臘石把玩愈久，溫潤之感愈強，

光彩和色澤也愈迷人，如同盤玉一樣。再從色彩方面看，真正的好臘石完全可以和雨花石不相上下。從形態方面看，這幾種臘石雖是以敦厚渾實者居多，卻頗能給人穩重自然之感。如有蜂巢形者，視之有峰巒疊起、參差不齊卻錯落有致；再有呈珠狀者，白則如千年珍珠般晶瑩光滑，黃又似熟透枇杷般油亮渾圓；最讓人稱奇者，是竟有形同太湖石者，只可惜這種形態的臘石實在是少之又少。

　　黃臘石的表面較光滑，觸感柔和，因而又給人一種溫潤的感覺，特別是有的黃臘石竟能隨天氣晴晦而起變化，可稱得上奇異。如深圳觀賞石協會會長王世定（上海人），餐廳一壁博古架上皆為黃臘石，有近 20 塊，其中有的黃臘石，陰天時渾身散發出水霧，陰雨綿綿時石表就開始滲出露珠，若室外傾盆大雨，它渾身就披滿水露，但絕不下淌；若在黑暗中用燈一照，只見其晶晶瑩瑩，閃閃爍爍。

昆石鑑藏

　　「孤根立雪依琴薦，小朵生雲潤筆床」，這是元朝詩人張雨在《得昆山石》詩中對昆石的讚美。

　　昆石，因產於江蘇昆山而得名。主要出自於城外玉峰山（古稱馬鞍山）。因其石晶瑩潔白，玲瓏剔透，峰巒巔空，千姿百態，故與靈璧石、太湖石、英石同被譽為「中國四大名石」，又與太湖石、雨花石一起被稱為「江蘇三大名石」，在奇石中佔據著重要的地位。

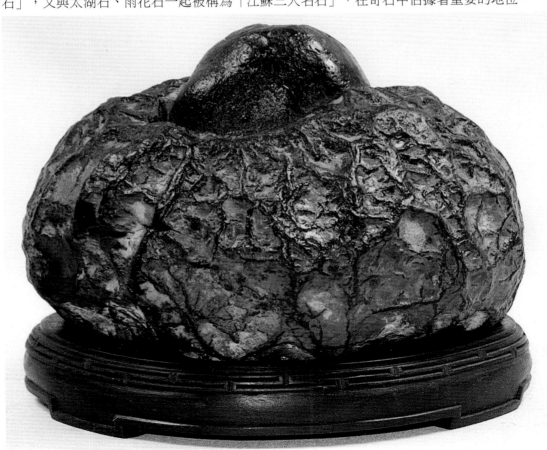

王世定藏石

大約在幾億年以前，由於地殼運動的擠壓，昆山地下深處岩漿中富含的二氧化矽熱溶液侵入岩石裂縫，冷卻後形成石英礦脈。在這石英礦脈晶洞中生成的石英結晶晶簇體便是昆石。由於其晶簇、脈片形象結構的多樣化，昆石品種繁多，有雞骨峰、胡桃峰、雪花峰、楊梅峰、海蜇峰、鳥屎峰等近十個品種，其中以雞骨峰、胡桃峰、海蜇峰、雪花峰較為名貴，分產於玉峰山之東山、西山、前山。

雞骨石由薄如雞骨的石片縱橫交錯組成，給人以堅韌剛勁的感覺，它在昆石中最為名貴；胡桃石表皺紋遍佈，塊狀突兀，晶瑩可愛。此外還有「雪花」、「海繭」、「荔枝」、「荷葉皺」等品種，多以象形命名。昆石總的看來是以雪白晶瑩、竅孔遍體、玲瓏剔透為主要特徵。

昆石的開採歷史很悠久，宋代《雲林石譜》中就已作介紹。它的採製大致要經過選坯、曝曬、沖洗、剔泥、雕琢、浸泡等過程方能完成，又因數量一直很少，故頗為名貴。玉峰山高才82公尺，方圓不過3華里（1華里等於500公尺），經過上千年不斷採覓，現在山表已很難看到石坯了。

昆石自古以來一直受到達官貴人、文人雅士的寵愛，早在元明時期，昆石已作為饋贈親友的高檔禮品。現在隨著社會主義精神文明和物質文化的發展，群眾生活水準不斷提高，昆石也為普通百姓喜愛和收藏。

昆石近來又被昆山市政府列為「昆山三寶」之首（昆石、瓊花、並蒂蓮），如今高達尺餘的昆石已屬稀有，連20公分以下的昆石也很難尋覓。

現昆山亭林公園有兩座一人高的昆石立峰，為明代舊物，一為「春雲出岫」，一為「秋水橫波」，陳列在顧炎武紀念館前亭子中。這二株巨石，窈窕玲瓏，竅孔遍佈，是碩果僅存的巨峰佳品。更多的昆石小品則為民間所收藏，成為案幾清供之品。

黃河石鑑藏

王承祥藏黃河石

黃河石為卵石，主要產於黃河上游劉家峽水庫至寧夏青銅峽水庫的黃河河道裏，尤以蘭州地槽一段所產為多，故古人冠之以「蘭州石」之名。《雲林石譜》「蘭州石」條介紹道：

「蘭州黃河水中產石，有絕大者，紋采可喜，間於群石中得真玉，璞外有黃絡，又有如物象，黑青者極溫潤，可試金。」

在無盡的歲月裏，石塊在黃河河道中被水流和泥沙沖擊、打磨，所以其造型多為蛋圓、扁圓或不規則圓。石面較光滑，人工打磨後的浮泛難與之相比。黃河石大者如鼓，重量可達數十千克；小者似拳，質地堅硬，色彩多為間色或複色，色調沉穩古雅，飽含歷經滄桑的悲涼雄渾之氣。

黃河石的觀賞價值主要在於其石表色彩花紋的組合變化。許多石紋能形成天然畫面，諸如山水、花

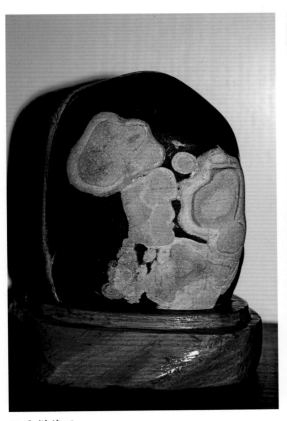

王承祥藏石　　　　　　　　　　沈泓藏黃河石

鳥、人物，乃至文字符號，無奇不有。上品黃河石極少，一般要求體積稍大，石形完好無損，畫面要渾然天成，或以色彩勝，或以意境勝。再配以適當的座架，便可成為室內陳設或案頭清供。

河洛石鑑藏

　　河洛石，指出自流經中原地區的黃河、洛河、伊河中的奇石，其集散地為洛陽。

　　這幾條河流中的石頭主要來自熊耳山脈之中，在河床中經過漫長時間的衝撞，角度圓渾，姿態萬千，石表潤澤，紋理變化無窮。其色澤以褐色、深黃、淺黑為主，亦有白色者，顯得十分典雅。河洛石一般體量不大，小者如拳，大者亦不過高廣一尺有餘，然其神韻卻在河卵石中獨樹一幟。

　　河洛石，古人早加利用，在觀賞其自然形態的同時，亦利用它作為製造假玉和琉璃的材料。《雲林石譜》「洛河石」條云：「西京洛河水中出碎石，頗多青白，有五色斑斕。其最白者入船，和諸藥可燒變假玉或琉璃用之。」

　　「河出圖，洛出書」，河洛文化是中華文明策源地之一。傳說夏禹的妻子涂山氏「化為石而生啟」，而這塊「啟母石」就在河洛地區的嵩山腳下。現在，收藏鑑賞河洛石在洛陽地區形成一股潮流，具有相當規模的家庭奇石館已多達 10 家，藏石中頗多佳品。

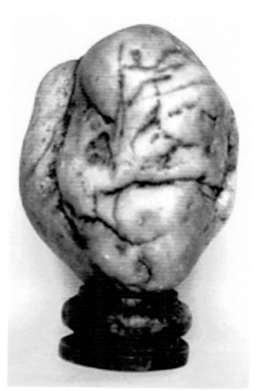

劉平新藏河洛石

沈泓藏石

水墨石收藏

　　滔滔三千里漢江，出羌汧，越秦巴，牽神農，切武當，沿途捲金裹銀，蜿蜒而下。到了大荊山襄陽一帶，在如畫的江流間，露出一串串的珍珠般的卵石灘。

　　滿灘奇石，美不勝收。瑪瑙、碧玉、紅蠟、黃蠟、指甲紋、流紋等各種質地的象形石、畫面石、文字石，形形色色，豐富多彩，讓人愛不釋手，回味無窮。其中最具代表性的首推堪稱一絕的漢江水墨石。

　　水墨石的來源於鄂西北山地，屬秦嶺褶皺系和揚子準地台的一部分，為燕山運動所形成的斷陷山地，沉積有第三紀江色岩系，岩層以石灰岩、片岩、千層岩為主。在大自然的作用下，這些巨石從山頂到山腳，從小溪到大河，從上游到中游，不斷滾磨，沉寂了多少歲月，一塊塊光滑的卵石在各自的偶然中驟見天日。

　　或許是上帝的傑作，漢江水墨石的地質構成簡單明瞭。石英質與石灰質由一雙無形的手，不經意的互相一滲透，一調和，竟奇妙地變幻出了一幅幅渾然天成的石頭原畫。

　　漢江水墨石屬畫面石類，當地癡迷該石的收藏家說：「從這個角度審視，雨花石需放入水中方顯異彩，三峽畫面石雖然塊頭大，但不經打磨拋光不易欣賞，草花石有點單純，黃河畫面石石質偏粗，並且以上幾種畫面，不管哪裏的大都帶有土紅、土黃的基調，唯獨漢江水墨石構成簡單，黑白分明，線條優美，富於變化，自然本色無需加工。在神州大地，萬水千山，發現此石此種的，僅此一處，真是風景這邊獨好。」雖然有失偏頗，卻也是當地人情有

獨鍾家鄉石的情懷。

　　漢江水墨石的特性與襄樊人簡潔、直率、樸實、機智的民風大體一致，可謂「天人合一」了。

博山文石鑑藏

　　《禹貢》說青州（此處主要指泰山山谷）出「怪石」。《雲林石譜》也有「青州石」的著錄介紹，且放在僅次於靈璧石的地位：

　　青州石，產之土中，大者數尺，小亦尺餘，或大如拳，細碎壘塊，皆成物狀。在穴中性頗軟，見風即動，凡採之，易脆不可勝舉。其質玲瓏，竅眼百倍於它石。眼中多爲軟土充塞，徐以竹枝洗滌淨盡。婉轉通透，元峰巒峭拔勢。石色帶紫，微燥，扣之無聲。土人以石藥粘綴，四面取巧，像雲氣枯木怪石欹側之狀。

　　曾被置於顯要地位的青州石，自《雲林石譜》之後，再無他書提起了。近年來深受海內外藏石家青睞的「博山文石」其實就是青州石的一支。

沈泓藏石

　　博山，古為青州府之顏神鎮，清代雍正年間立縣，轄區分山東益都、淄川、萊蕪三縣，1958 年併入淄博市。其地位於山東魯中山區，為石灰岩與花崗岩、粘板岩相間的風化地貌。大自然的神工鬼斧，造就了此地紋理豐富和形態奇異的山石。

　　淄博文石除了造型，其石表紋理的變化多端是為顯著特色，其紋理如點劃交錯、延伸、平行或彎曲，形成不同的皴紋，可分為斧劈皴、折帶皴、披麻皴、荷葉皴、捲雲皴、蜂窩皴、流水皴等，賦予了山石以新意和情趣，形成了博山文石獨特自然的藝術風格。

　　博山文石主要產於神頭黑石灣、石炭塢老貓窩、蛟龍掃帚坡、石馬、萬山、白石洞及淄川、西河、黑旺、磁村等地，以神頭黑石灣所產為最佳。黑石灣山石色較黑，紋理細膩豐富，間有白筋，質地堅硬，叩之有清越之聲。

　　博山文石在土中生成，或為物狀，或成峰巒，或玲瓏剔透，千奇百怪，沒有定狀，是偶得而不可強求之物。選石要獨具慧眼，選好石料，先除去污垢，儘量依原石風貌，若需截取，度材取景時應選擇最佳角度，切忌雕琢，截面亦應儘量避免人工痕跡。

　　「博山文石」的名稱，是近些年來才叫開的，當地的石友們認為，既然辭書上稱「有紋理的石塊」為「文石」，何不將本地區所產奇石稱為「博山文石」呢？遂相沿成習，且獲得了藏石界認同。

嶗山綠石鑑藏

　　「泰山雖云高，不如東海嶗。天地鍾靈秀，結穴在名山。仰口海底玉，品勝祖母綠。風情萬千種，盡在一拳石。」

　　嶗山綠石產於青島嶗山東麓仰口灣畔，因佳者多產於海濱潮間帶，故又稱為海底玉。

　　嶗山綠石是青島的特產，嶗山的象徵。清代乾隆年間著名書畫家膠州大才子高鳳翰（號

沈泓藏石

南山人），亦嗜嶗山石，因得地理之便，藏之更富，其嶗山綠石名品《青山掛雪》《山高月小》《老叟觀瀑》.《六雁屏》流傳至今。今人好利者，常以贗品偽稱。

青島收藏家崔周村、冷增全等認為，嶗山綠石的美首先在於它的綠顏色。其綠靜穆古雅，像黛玉，像墨蘭，像滄海，給你一種深沉靜謐的感覺。

嶗山綠石的美還在於它的質地，晶瑩縝密，溫潤可人。其主要礦物成分為鎂鐵矽鹽，被礦物學家定名為蛇紋玉或鮑紋玉。

嶗山綠石之特色有三。

一是色彩絢麗。以綠色為基調，或墨綠，或淺綠微藍，間有黃、白、赭色交錯，更顯其變幻之美。

二是結晶奇妙。絕大多數綠石為層狀結晶，但有的排列均勻，有的厚薄懸殊，與不同色彩互為輝映。少數綠石或呈絲狀結晶，或為雲母結晶（有金星閃爍）。更奇者為放射性結晶，有奇峰高聳、嶺脈延伸之奇景出現，此為綠石中之佳品。

三是石質細密潤澤。其礦物組成主要是綠泥石、鎂、鐵、矽酸鹽，又雜有葉蠟石、蛇紋石、角閃石、絹雲母與石棉等，石質細密晶瑩，如若切片觀察，還有一定的透明度。

仰口海灣距青島市區有百里之遙。因受潮汐影響，秋冬季節農曆初一和十五前後幾日，綠石灘方露出海面，屆時，人們便絡繹不絕地前來採石。能較短時間內挑揀出形狀、色澤、紋理俱佳者，當獨具慧眼，但也有雖撿石一堆，卻無一可取的。

嶗山綠石的觀賞雖然主要在於色彩、結晶和紋理，但也有不少收藏家同時追求它的外在形態。事實上，嶗山綠石自然成觀賞形態者甚少，這樣尋覓的難度更大。因此，嶗山綠石收藏過程中，便出現裁割、錘鑿的情況。儘管這樣的割鑿於嶗山綠石的主要觀賞意境無多大影

馬永新藏菊花石　　　　　　　　　　沈泓藏菊花石

響，但過多地留下人為的痕跡，往往適得其反，收藏價值大大降低。

菊花石鑑藏

　　清人張尚暖《石裏雜識》云：「吉水（今江西吉水縣）永豐有石，青質而黃章，章為菊花，金英粲然如畫。」

　　這方菊花石乃是巨石，數名力士亦難以抬起。而體型較小、適宜於案几陳設的菊花石，則主要出自湖南瀏陽永和鎮大溪河底石叢之中。《石裏雜識》亦云：「余在友人陳少芸處見菊花石二枚，黑質白章，枝葉與花一一如畫。芸得之湖南。」可見瀏陽的菊花石久負盛名。

　　菊花石是一種灰質粘板石，其之所以能結為花形，是因為裏面滲透放射性排列的大青石或方解石集晶。當數億年前方解石結合時，其質由散而聚，即聚即凝，愈往中心愈緊密，餘溢則迸流四射，同時即刻堅結。這樣一來，在黑色的岩石中就出現了玉潔冰瑩，或大或小，宛若菊花形狀的畫面。菊花石因此而得名。

　　菊花石之造型雖各不相同，但其觀賞性主要在於石中菊花之多寡與形態。稍大型菊花石，有的一石之間綴花數十，疏密相間，頗可人意。1915 年，瀏陽製作的菊花石掛屏，在巴拿馬國際博覽會上獲得金質獎章。從此，瀏陽菊花石享譽中外。

　　除了湖南瀏陽，東北玉泉山北的山溝裏亦產菊花石，這條山溝也因之而得名「菊花溝」。但是，此處所產菊花石，石性粗鬆，花瓣細長，比起瀏陽石稍遜一籌。

神龍石鑑藏

　　神龍石即神農架奇石，大致有四類：一是寶玉石，二是彩紋畫石，三是化石，四是水沖外形石。

　　神農架自古產寶玉石，卞和之玉、月亮之石據稱產自神農架。今在神農架主溪之中採得的寶玉石有神龍三彩、神龍綠玉、神龍彩玉、神龍矽玉以及木魚所產的水晶石。其中神龍三彩、神龍彩玉尤絕。

　　神龍三彩、神龍彩玉是在淺綠的石地子之上嵌有深綠、血紅、雪白三種玉，或呈點滴狀、片狀、層狀，小如豆粒，大至巴掌，紅、綠、白三玉盡藏石中，經風雕雨琢、石磨水沖，綠玉豔而光潔、濕潤，紅玉似血，白玉如雪，三色相映，鮮豔、明亮、自然，是神龍石的特色。

　　彩紋石，一為彩，一為紋，一為畫。

　　彩石為淺綠、淡黃、老紅三色相間，猶如瓷之絞胎，滿布石上，尤顯古樸、典雅。

沈泓藏石

紋石,有的黑白線條幾何分割,圖案清新;有的灰石上白晶走線,晶中鑲紫、嵌黑,或紅黃雙線相間、相旋呈圖,猶如雲紋、經絡,富有哲理。

畫石多為在綠、紫紅之石地上,七色之彩任意潑灑,山水、鳥獸、人物、文字躍然石上。其中以綠地走紅為畫、黑白山水丹青為佳,極富潑墨山水韻味,只是山風不搖、流水無聲罷了,看後令人歎為觀止。

化石是神農架滄海桑田的見證。有震旦角、三葉蟲化石等。

水沖外形石多為不同成分組成的石頭,經水沖、風雕、石磨而成,其石多位於怪石怒水之中流。石質細嫩,多有奇洞怪形,呈怪塔、樓宇、物件狀,如有鳥獸、人形則為精品無疑。

神農架所產雅石多在摩斯 5 度以上,而神龍三彩更在 7 度以上。

沈泓藏石

松林石鑑藏

相傳唐代李德裕那塊著名的醒酒石若以水澆之,即呈現出樹木鬱鬱蔥蔥的景象。由此看來,醒酒石很可能屬於松林石一類。

松林石,我國自南至北皆有產地,比如四川中部、浙江普陀山、北京居庸關、河北易縣、貴州山區等。其中,四川涪陵縣所產最為著名。大型松林石解開後,只見莽莽蒼蒼一片松林,繪畫高手也難以描摹此番景象,不知者以為這是古代植物的化石。其實這是錳、鐵等金屬氧化物流積於岩石層隙間,久而凝結形成的。石灰岩、火成岩中都可能偶爾有之。

有關松林石最早的記載,我們現在見到的是宋代趙希鵠的《洞天清祿集》。它描繪蜀中的松林石被解開後所看到的景象——那些才二寸來高的「小松」密密匝匝地排列著,似乎有條小路從茂林間穿過,好一幅天然「松間行徑圖」。

到了清代,《四川總志·石譜》「松屏石」條也云:涪州松屏山翠聳雲霄,其山上產石,有文如松形。」

瀘州空石鑑藏

石頭皆實,而空石獨空,這是空石與其他種類奇石的根本區別,也是空石獨特的觀賞價值與收藏價值所在。空石是極具特色的石種之一,且產出不多,向來是藏石家競相收藏的珍品。傳說乾隆皇帝巡幸各地,苦苦尋覓而終無所獲的那種會唱歌的木魚石,其實就是一種空石。

瀘州空石千形萬態,外部一般呈黃褐色,空腔中有泥質硬塊形成的內核,搖動能發出響聲,據《瀘縣誌》記載:將空石鑿為水盂,貯水不腐,插花不謝。產地居民介紹:用空石內核碾成粉末,可治耳疾、眼疾、癭疽等。這給空石增添了一層神秘的色彩。

高品位的瀘州空石給人以古樸、空靈之感,還可給人以心向遠古的遐想。

瀘州空石玩賞方式很多。小空石便於攜帶，可隨時拿在手中把玩；較大的空石可配上木座，陳列於居室或辦公室；表面比較平整的空石上面可進行篆刻，使得在欣賞空石的同時，還可欣賞到篆刻藝術；將空石表層除盡，露出深褐色內層，然後再作拋光處理，這時的空石黝黑發亮，既古樸又典雅。

瀘州空石歷史悠久，特色鮮明，玩賞性強，更因張大千先生的鍾愛而蜚聲海內外，既是奇特的收藏品，高雅的觀賞品，又可作為有地方特色的稀有的饋贈禮品。

紅河石鑑藏

紅河石是近年來異軍突起的一個石種，它不僅在任何古籍中都沒有蹤跡，甚至在 20 世紀 80 年代早期，就連雅石收藏家和鑑賞家也沒聽說過這樣一個名稱。可是，當它於 1993 年出現在展廳中，被置放於市場上時，行家們不禁被它那種色澤、氣魄所震懾，讚譽之聲鵲起。於是，紅河石身價陡增，立時成了石玩市場的「寵兒」。

紅河石產於紅水河的下游，位於廣西合山市合里鄉馬鞍村的村子後邊，所以它又被稱為馬鞍石。此石的產地很狹窄。當紅水河流經此地時，由於受到長達幾千米的暗礁阻擊，長年累月暗礁右側便被沖出一條很深的河道，暗礁的左側則形成一條三百多公尺長的回水灣，紅河石就臥躺在這條回水灣中。

沈泓藏石

由於地殼的變化，河灘上青色的岩層被擠壓出條條裂紋。雨季到來，大水淹沒暗礁，把河灘上這些帶有裂紋的青石一塊塊地沖進了水灣。由於特殊的地理位置，回水灣中便積存了許多這樣的石塊。長年累月的潮漲潮落，夾帶著沙石的水流把回水灣中石頭的表皮沖刷得非常光滑；加之光的作用和水質的污染，又使石頭的表皮染上了一層很柔和的色彩，猶如古代製作精良的陶器，被塗上了一層美麗的釉色。所以，當地人又自豪地稱之為「彩陶石」。

紅河石不僅美在色澤上，其造型也是獨樹一幟。紅河石中，多數顯得沉穩平靜，而與玲瓏剔透無緣。它的體量大的可達三四尺，小的也有拳頭大小。一般說來談不上「瘦、皺、漏、透」。它之所以成為當今石市的「寵兒」，在日本、韓國、馬來西亞以及臺灣非常走俏，必然有其內在的原因。

沈泓藏石

紅河石多以景觀、抽象的自然形態顯露，人們對它的鑑賞，從形、色、質、點、線、面這六大因素中引發開來，形成了一種嶄新的奇石審美意識。這可能是奇石審美觀念在傳統基礎上的創新，是應該引起藏石界廣泛重視的。

孔雀石鑑藏

《雲林石譜》中所記「石綠」就是孔雀石，它融結為

山岩，「於綠色中又如刷絲」「向明視之頗光燦閃色，細碎者入水烹研可裝飾」。

　　孔雀石生成在銅礦上部的氧化帶中，因其色彩像孔雀的羽毛而得名，其綠惹人喜愛。

　　孔雀石多呈塊狀、鐘乳狀、皮殼狀及同心條帶狀。有的玫瑰花狀的藍銅礦和綠色絲絨般的孔雀石集合生成一起，分外引人注目。

　　孔雀石絕大多數來之於大冶銅錄山。《大冶縣誌》記載：「銅錄山在縣西叫堡，距城五里，山頂高平，巨石對峙，每驟雨過後，有銅綠如雪花小豆，點綴於石之上，故得名。」銅草花之下就有銅礦或孔雀石，古代的先民根據裸露在山坡上的銅草花植物作為線索，來尋找埋在地下的銅礦。聞名中外的銅錄山古礦冶遺址表明早在明代就有人在這裏開始進行銅礦開採和冶煉了。

沈泓藏石

湖北收藏家朱裕民鑑賞孔雀石品評說：「它們的綠色不是沉沉林莽中的綠，也不是纖纖文竹怡淡的綠，它的綠似嫩葉浸泡水中熔融的綠，那綠瑩瑩的彷彿半透明軀體內隱隱顯出細膩酣暢的脈絡，似流水，似琴弦，在那脈絡裏面，流動著綠的瓊漿，綠的血液，在滋養它綠色的生命，否則不可能得這般清俊、雅潔，這般動人心魄。」

他認為，光潔的孔雀石作為一種「寶石」和「玉石」，它不比名貴的「祖母綠」遜色，用孔雀石雕琢成的工藝品，其價值可與翡翠、瑪瑙製品相媲美；孔雀石製成的首飾，因含有人體不可缺少的微量元素銅，更具有「隕玉粉治病，佩玉飾避邪」的功效。

青花石鑑藏

粵北青花石，主產於廣東粵北樂昌市境內主要河流——武江河，其次有九峰溪流。

青花石取其花色似古瓷而得此名，該石是近年才發現的新石種；青花石圖畫反差適中，墨綠色底，乳白色紋，圖紋豐富，花紋比石堅硬些，觀其石與花成凹凸型，眼觀手摸立體感強。

其花間有白色，花表似蠟非蠟，油潤光潔，花紋深入石幾分，難以造假，廣博石友喜愛。

青銅石鑑藏

柳州郊區有一塊數百平方米的河流沙灘出產一種形如罐子的石頭，或扁或圓，小如酒盅，大似筆筒、水罐，有的單體獨立，有的數石相連。奇異的是側耳於罐口，便聽到「嗡嗡」之聲，猶如槌擊青銅器後發出的嫋嫋餘音，所以稱之為「青銅石」。

青銅石外表波紋起伏，柔和優美，色澤深沉，猶如古陶器，故又稱為「罐子石」。石頭未整治之前，腹內灌滿雪白的泥漿，並間雜有黃沙或小石塊，只有將腹腔淘洗乾淨，成為名副其實的「空心石」，它才有很好的觀賞價值。

沈泓藏石

青銅石僅少量露於沙灘表層，大多數深埋於沙灘底層，近年來前往開發者絡繹不絕。

墨湖石鑑藏

產於廣西柳江縣百棚成團一帶的墨湖石，也稱「墨石」或「墨層石」。它是近年來新開發的一個石種，以皺瘦漏透、婀娜多姿的形態而受人青睞。墨湖石石形酷似太湖石，其變化多端則更勝一籌。其顏色一般為黑色，間有白紋。有的墨石白紋較多、白花斑斕，被稱作「白花墨石」。墨石石膚表面很光滑，但石質脆而不堅，是其最大弱點，尤忌碰撞。

沈泓藏三峽石

墨石體量以中小型占多數，體量大者為貴。上海三山會館有兩株墨湖石，為上海王氏所藏。高度在 1.2 公尺以上，甚為罕見。其中一株洞穴相通，從頂端注水，竟能順流繞過各穴，自底部一洞淌出，餘不旁泄，堪稱一絕。

柳州卵石鑑藏

柳州卵石大致產於三江、運江一帶，其最顯著的特色就是色澤豐富，分紅、青、黃、白、紫、黑諸色，有的五色斑斕，有的則青紅交雜，觀之令人目亂心迷。其中以純黑如漆者最為貴重，因卵石質堅而膩滑，純黑卵石泛著黑光，甚至能照出人影，這種黑卵石尤為海外人士所看重，譽之為「柳州黑」。

柳州卵石依照其石表起棱與否被分為「平紋卵石」與「凸紋卵石」兩類。這些卵石真正成圓形或橢圓形的並不多，大多呈不規則形狀，因此更增添其多彩多姿的魅力。而有些卵石則是象形的，或像熊貓，或似猴頭，還有像飛禽企鵝的，姿態顯得憨厚可愛，其造型若能似衲子羽流，莊重典雅者，則極貴重。

三峽石鑑藏

三峽卵石，因產於長江三峽沿岸河床灘頭、山嶺峽谷而得名。上至四川的萬縣，下至湖北的沙市，三峽石有的淺露江灘，有的深藏江底，有的則在泥沙的伴隨下隱藏於山谷，其中尤以湖北宜昌一帶三峽石最為豐富。

宋代《雲林石譜》中有這一帶出產瑪瑙石的記載：「峽州宜都縣產瑪瑙石，外多泥沙積漬，擊去粗表，紋理旋繞如刷絲。間有人物，為鳥獸、雲氣之狀，工人往往求售，博易於市。」峽州，北周所置，因在三峽之口而得名，轄境相當於今湖北省宜昌、遠安、宜都等縣地。

三峽石中有的主要成分是石英晶脈和方解石，有的主要成分則是瑪瑙。因而，三峽石的石表就有了粗糙與光滑的區別，它們共同的特點就是天然紋理的異常豐富，常能將人帶入想像的境地。

三峽石的顏色以黑、白、灰、黃為主，往往是間夾而生，因而形成了豐富奇特的紋理，

像人物、像飛禽、像走獸、像山川、像雲彩、像日月，有的卵石上還有天然的文字，足以供人浮想聯翩，賞玩不已。

綠泥石鑑藏

雅石收藏家在長江中上游（瀘州、宜賓等地）所採集的綠色、質地細膩、表面光滑、硬度較大（6～6.5度）的怪石、卵石習稱「綠泥石」，這不是礦物學上所指的綠泥石。礦物學上稱的綠泥石主要成分為鎂、鐵和鋁，顏色多呈綠色，有玻璃光澤和珍珠光澤，硬度2～2.5度。而這種綠泥石實際上是綠色玄武岩，其礦物主要成分為綠泥石及綠石等，它以其硬度大、石質細膩為特色。

鐘乳石鑑藏

古人將鐘乳石視之為藥石，從《神農本草》到《本草綱目》，歷代醫籍無不如此。唐代柳宗元在《與崔饒州論石鐘乳書》中寫道，少量服用它可以「使人榮華溫柔，其氣宣流，生胃通腸，壽善康寧，心平意舒，其樂愉愉。」魏晉名士們喜食的「五石散」，其主要成分之一就是鐘乳石。將鐘乳石移作案頭清供，最早的記載也是在《雲林石譜》中，此書有兩條鐘乳石的介紹，一條介紹廣西鐘乳石，一條介紹金華鐘乳石，並說曾在金華「智者三洞」洞土中獲一石，大如拳，高才數寸，「若二龍交尾纏戲，鱗鬣爪甲悉備」，十分奇特。

鐘乳石生成於溶洞中，當含有碳酸鈣的水從洞頂往下滴時，因水分蒸發和二氧化碳的逸出，使水中的碳酸鈣積澱下來，並自上而下增長而成，其狀如鐘乳，如與地上石筍相接，就形成石柱。在中國，主要分佈於岩溶地貌發育較完全的廣西、廣東、浙江一帶。

鐘乳石由於形成於條件特殊的溶洞中，恒溫恒濕，沒有經歷過日曬風化，所以形體都保存得較為完好精巧，表面呈葡萄、核桃殼、靈芝、浪花等形狀，造型亦千姿百態。鐘乳石顏色有白、棕黃、淺黃、青、琥珀色等。其中以雪白晶瑩者為佳，現已被珍視為「結晶石」，為人所寶重。

鐘乳石體量差別極大，小者盈寸，大者逾丈，以中小體量者作供石最為適宜。如取下鐘乳石，必得鋸斷其頂部或底部，故其斷面是平整的。現在，由於很多人將溶洞中的鐘乳石移作他用，造成了對地貌及自然景觀的破壞，所以政府部門已禁止對鐘乳石的採伐。

沈泓藏石

王世定藏石

新疆石鑑藏

好的奇石價位比玉高百倍千倍。新疆的奇石大多是裸露於地表外經風化作用而形成的，經千百年風吹日曬，風雕沙琢而成為工藝極品。再加上新疆地域遼闊，戈壁大，奇石多，盡可挑選奇中之奇，寶中之寶。

被收藏界關注的新疆奇石品種主要有四大類：一是寶玉石類，二是風凌石類，三是化石類（包括動物化石和植物化石），四是隕石類。

其中有些奇石極品已成收藏之珍寶。寶玉石類：大型單晶方柱「紫晶山」，大型方解石柱「方解石筍」；風凌石類：「月桂樹」、「紫雲」、「石雀」、「千層岩」、「雪山曉日」、「肉石」、「雅丹地貌」等；動物化石：「劍齒虎牙化石筆架」、「海貝化石」、「海龜化石」等；植物化石（矽化木）：「青山壽佛」等；隕石類：石鐵隕石（硬度在 8 以上）等。

奇石中精品極珍當屬化石類，它不僅為國寶文物，活辭典，活教材，而且價值連城，是收藏極品。

賞海貝化石，石硬貝鮮，條條貝紋，萬年古痕。

木化石，又稱矽化木，億萬年矽液浸入替換而成，樹形石身，年輪清晰，大小不等，顏色各異。選光潤細膩自然成形者仔細品賞——黑色青山如佛祖座蓮，紅心褐皮似碧血丹心，黃橙晶透像深隱貓眼，藍灰相間若天光雲靆。觀其石天圓地方浮想無邊，賞其形五嶽千山盡躍眼前。

大理石鑑藏

我們所見到的大理石，大多已琢磨成建築材料，如亭臺樓閣、欄杆華表、影壁地坪等；或已雕製成器具文玩，如插屏桌面、花瓶椅背等。但有的大理石自經開採並未刻意加工，保持了它鱗峭的外表，石面上也是山川雲霧，變幻奇特，故也可歸入供石一類。

大理石的主要產地是雲南省大理縣點蒼山，

沈泓藏風凌石

沈泓藏風凌石

沈泓藏風凌石

沈泓藏風凌石

沈泓藏新疆木化石

王承祥藏黃河石,圖案類似於大理石

屬於橫斷山脈。在幾億年以前,此處是一片汪洋,水底沉積了許多碳酸鈣和生物遺體。由於沉積物中所含的雜質不同,因此各層的顏色也不相同。後來,經過海陸大變遷,這些碳酸鈣沉積物便固結成石灰岩。成岩後,再受到地殼運動及岩漿的烘烤,在高溫高壓的環境裏,這些堅硬的石灰岩便變成柔軟的半流動狀態,在變動壓力的作用下,搓來揉去,互相滲透,本來像夾心餅乾似的石灰岩熔解後再重結晶。因此,大理石中常可見到流動狀態的條紋圖案。

大理石雖天生麗質,被廣泛利用的時間卻很晚。晚明大名士陳繼儒《妮古錄》載,有一石屏,屏面雲霧繚繞,題名曰「江山晚思」。明萬曆進士李日華《六硯齋二筆》亦云:「環列大理石屏,有荊(浩)、關(仝)、董(源)、巨(然)之想。」這是兩則有關大理石器具最早而又確鑿的記載。明末,旅行家徐霞客親至大理,盛稱大理石之異,大理石也就借著《徐霞客遊記》而聲名遠播。

大理石的開採絕非易事,因其石穴在點蒼山高峰,採出後還有個運輸問題。大理石採出後,一般均為大塊巨石,石工即可相材分割,或切片,或琢成器物毛坯。而作為供石,則不可磨礪,任其有凹凸處,以花紋繚繞若雲山霧罩者為佳。

大理石質以細潔有天然光澤者為上品。大理石的顏色較為豐富,有綠色、褐色、黑色、黃色、灰色、紅色諸種,有的白質黑章,有的一方石上兼備諸色,顏色與紋理交錯搭配,宛然而成一幅幅天然圖畫。

瑪瑙石鑑藏

古人多以家藏珍珠瑪瑙顯示富貴,即使在現代,瑪瑙飾品猶是愛美的姑娘們纖纖玉指上的飾物。作為供石的瑪瑙石與瑪瑙飾品則有區別,它不經過加工,以純天然狀態供人觀賞,體量一般是瑪瑙飾品的十幾倍、幾十倍,乃至上百倍,作為清供,還配上了底座;經過加工雕琢的瑪瑙飾品一眼望去,是晶瑩剔透、珠圓玉潤,而瑪瑙供石卻是在粗糙的外表中顯示它冰清玉潔的本質,嶙峋繚繞的石表更能體現它紋理之多變,色彩之奇麗。

「瑪瑙」是一種譯音。古代印度人看到瑪瑙的顏色和美麗的花紋很像馬的腦子,所以梵語稱它為馬腦。佛經傳入中國後,譯員考慮到「馬腦」屬於玉石類,於是就巧妙地譯成「瑪瑙」。

沈泓藏瑪瑙石　　　　　　　　　　　　沈泓藏瑪瑙石

　　瑪瑙產生在火山熔岩的氣孔中或其他岩石的裂隙中，由二氧化矽的膠體溶液沿著空洞壁一層一層地沉澱固結而成。每層因含有不同的雜質而呈不同的顏色和花紋，因而也就有了不同品種的瑪瑙。有的在其生長過程中，沾帶有色化合物錳，就形成五彩繽紛、濃淡深淺、單一複雜等千變萬化的瑪瑙石。

　　瑪瑙石產地很多，北至黑龍江，南及臺灣，都有出產，其中以黑龍江遜克縣寶山鄉所產最為著名，享有「寶山瑪瑙」之譽。尤其是在當地 10 公尺以下的深土層中挖出者色、質最佳，多為精品。

　　瑪瑙石傳熱很快，因此摸著它時總感到是冰涼的，暑天將瑪瑙石捧握手心或貼近臉頰，

沈泓藏石

有解暑消熱、鎮定抑躁的作用呢。

隕石鑑藏

　　隕石是天上的星隕落地面而成的，這一科學常識，我國春秋時代的古人就已經掌握。隕石中奇特美觀者，也向來為藏石家所珍視。唐人韓琮《興平縣野中偶得落星石移置縣齋》詩云：

　　　　的的墮芊蒼，茫茫不記年。

　　　　幾逢疑虎將，應逐犯牛仙。

　　　　擇地依蘭畹，題詩間錦錢。

　　　　何時成五色，卻上女媧天。

　　詩人將此石想像成被天神謫貶凡間的有錯之材，又問：你什麼時候才能修成正身，去修補蒼天呢？《素園石譜》中繪有「星隕石」圖形，頗為壯觀。

　　隕石有大有小。目前發現的世界上最大的一塊隕石重 1770 千克，它是 1976 年 3 月 8 日隕落在中國吉林省的隕石群中的一塊。小的隕石僅豌豆大，甚而更小。藏石家所藏隕石當然多為小型隕石。現在一般提倡發現的隕石應上交國家，因為隕石研究對於探討太陽系、地球及其上面的原始生命的組成、起源和演化都有重要的意義。

礦物晶簇鑑藏

　　自古以來，我國就有將礦物晶簇或晶體供於几案觀賞的傳統。如《雲林石譜》所記「菩薩石」就是一種礦物晶簇，此石「其色瑩潔，狀如太山狼牙」，映日射之，有五色圓光。其質六棱，或大如棗栗，則光彩微茫，間有小櫻珠，則五色璨然可喜。

　　此外，《雲林石譜》所記「於田石」、《素園石譜》所記「辰州砂床」和「瓊華石」等，也都屬於礦物晶簇。

　　晶體是由結晶構成的物體，是含礦溶液在岩石孔洞及裂縫中的產物，分佈於該類礦床的邊緣或小型礦點中，它在外形上表現為一定形狀的幾何多面體。晶簇則是在岩石空隙壁上聚生的同種或不同種礦物的晶體群，它的一端固生於共同的基底上，另一端自由發育而具有良好的晶形。

　　晶體或晶簇，一般都是採礦中的副產品，它們玲瓏而脆弱，因此採集時切忌放炮炸石，而要仔細地連同一部分岩石一起採下來，然後根據其特點進行清理，去掉過多的岩石，突出晶簇主題，再配上合適的台座，一件晶簇供石便形成了。

　　一個個單獨的晶體，只能作為寶玉石的原料，比如加工成耳環、戒面及雕刻品等，這已屬於寶玉石範疇；而作為供石，則強調其天然狀態，強調必須有原生岩石作底托。

　　可作為雅石收藏鑑賞的礦物晶體或晶簇有很多，

沈泓藏黃水晶石

比如紅藍寶石、軟玉、硬玉、碧堡、綠松石、歐泊、石膏、綠柱石、綠簾石等，現在較為常見的作為雅石的礦物晶簇大致有以下幾種：

辰砂鑑藏

　　辰砂也就是《素園石譜》所收之「辰州砂床」。

　　辰砂的晶體呈板狀或菱面體狀，半透明，朱紅色，發出金屬光澤。

　　《素園石譜》是這樣形容的：「大者如雞子，小者如石榴子。其良者若芙蓉，箭鏃簇簇，迸如榴房，連床者紫黯若鐵色，而光明瑩徹，可置几案間。」

　　辰砂以湖南辰州（今沅陵）所產最佳，故名。

輝銻鑑藏

　　輝銻礦的化學成分是硫化銻。晶體呈長柱狀，柱面具縱條紋。集合體常呈放射狀或粘狀。鉛灰色，金屬光澤，硬度不大，比指甲稍硬。湖南省新化縣（今冷水江市）錫礦山是著名的「世界銻都」。

　　早在 1368 年，人們就發現這裏的礦藏了，由於當時科學技術落後，人們誤將銻礦石當作錫礦石，因此當地也被取名為「錫礦山」，這地名也將錯就錯沿用至今。

　　湖南錫礦山採礦過程中曾發現一個扁圓形晶洞，洞壁長滿參差的像寶劍樣的輝銻礦晶體，猶如一座收藏龍泉寶劍的寶庫。那些帶豎紋而閃耀銀灰色光輝的大晶體，是稀世之寶。

雄黃、雌黃鑑藏

　　非金屬礦物。它們在山岩中總是形影不離，猶如水中成雙成對親昵怡游的鴛鴦，所以被人們戲稱為「鴛鴦礦物」。

　　雄黃，橘紅色，故得雅稱「雞冠石」。雌黃呈略帶綠色的檸檬黃色。人們可以根據不同的顏色區別雌雄，但雄黃長時間受光照射後會直接轉變成雌黃。

　　湖南省的石門縣界牌峪雄黃礦是世界上最大的，1965 年曾在那裏發現一顆特大雄黃晶

沈泓攝

沈泓藏螢石夜明珠

體，重 255.32 克。1988 年 2 月，這顆泛著鮮豔紅光的特大雄黃晶體在美國圖森舉辦的國際標本及寶石珍品展覽會上露面，使各國礦物學家及寶石專家大為驚訝。

螢石鑑藏

螢石又稱「氟石」，是非金屬礦物，因含各種稀有元素而常呈紫紅、翠綠、淺藍色，無色透明的螢石稀少而珍貴。晶形有立方體、八面體或菱形十二面體。如果把螢石放到紫外線螢光燈下照一照，它會發出美麗的螢光。

故而，螢石也叫夜明珠。

水晶鑑藏

水晶是無色透明的石英柱狀晶體。理想的晶體形狀是六方柱或六方雙錐。水晶晶體是在岩石空洞中生長起來的，它在成長過程中一定要有足夠的空間，同時必須以洞壁為依託，因此，我們所見到的天然水晶晶體往往是上半截發育得很完美，而下半截的晶體不完整。水晶常因含有鐵、碳等不同雜質而有許多變種：紫晶、金黃水晶、薔薇水晶、煙晶、茶晶和墨晶等。

水晶觀賞石鑑賞是以中國傳統文化為基礎的賞石審美意識去欣賞和評價水晶，也就是說從欣賞和評價一件天然藝術品的角度去論述水晶，重點是包裹體水晶觀賞石。

美，是一切藝術的大前提。水晶的美可以從色彩美、形態美、神韻美和特殊的光學效應四個方面來欣賞。

（一）水晶的色彩美

對於一塊水晶，人的視覺最敏感的是色彩，水晶的色彩美可以給人視覺上的享受，是構成水晶之美的重要因素之一。對水晶色彩美的欣賞有兩種情況：一種是單一色彩的欣賞，包括對水晶本身色彩的欣賞和對水晶內包裹體的顏色欣賞；另一種是多種色彩的欣賞，即多種有色物質滲進水晶內或者水晶與其他礦物共生。

（二）水晶的形態美

形態美是構成水晶之美的重要因素，與色彩美結合更是相輔相成，形成各種景象和圖案。其欣賞的重點主要是「形象」、「神似」和「奇妙」。其中可以分為三種類型：對天然形成的形態的欣賞，主要是對天然形成的晶體和晶簇的欣賞，也就是對水晶外形的欣賞；對水晶包裹體的欣賞，主要是對水晶體內部的包裹體或由「皮景」所形成的景象和圖案的欣賞；對色彩和形態組合美的欣賞，各種不同顏色的物質和水晶組合在一起，便形成了水晶觀賞石的色彩和形態美的組合。

（三）水晶的神韻美

「神韻美」可以說是「象徵美」，也是「意境美」，是抽象的美。一種是脫離色彩美和形態美的，一種是由色彩美和形態美所形成的。

脫離色彩和形態的美，水晶本身就有美好的象徵，如白晶代表冰清玉潔、聰慧純真，紫晶象徵高貴典雅和浪漫，等等。而由水晶的色彩美和形態美所表現出來的神韻美是觀賞的重點。最為特別的是白（無色）水晶球，既沒有顏色，也不是欣賞球體，甚至沒有內容，但是，當你細細觀賞一個ＡＡ級的白水晶球的時候，會得到一種身心潔淨、超凡脫俗的感覺。

沈泓藏水晶

但必須注意的是，觀賞的必須是ＡＡ級的白水晶球，且越大越好。大的ＡＡ級白水晶球價格奇高，且不多，須小心市場上很多用作冒充的玻璃球，特別是那些合成水晶球，一般消費者較難鑑別，所以建議應在有信譽的商場購買水晶球，且必須開具注明「天然水晶球」的發票，並在購買後到權威的商品質檢部門進行鑑定。

(四)特殊的光學效應

這是一種近乎於對其他寶石的鑑賞。通常建議在一定的光照下欣賞水晶觀賞石，因為這樣才能更好地反映出水晶的質感，有些水晶還會出現特殊的光學效應。一般最好在日光下，如用燈光，最好用點光源，但有時用多點光源多角度照射也會有特殊效果，在漫射光或散射光下觀賞效果稍差。但應注意光線並非越強越好。

水晶如包裹著裂隙和空氣，在光照下有些會形成「彩虹」。如「處女峰」，在翠綠色山腰的左邊有一個心形的彩虹。

水晶裏有些礦物包裹體有亮麗的金屬光澤，最常見是各種發晶，其中以金髮晶最能吸引人；有些水晶內的發晶成特殊規律排列，經打磨後還可以出現貓眼效應或星光效應，如「金髮晶六射星光球」。對於目前眾多的水晶愛好者來說，值得一提的是，好的水晶觀賞石是大自然的藝術品，買一堆便宜的垃圾不如買一件昂貴的精品，因為「精品」有較高的欣賞和收藏價值。

各地不同的雅石有不同的鑑藏意趣，雨花石清悠淡雅、鐘乳石晶瑩多姿、菊花石五彩斑斕、礦晶石玲瓏剔透……石品無高下，關鍵在於是否是該石種中的精品。各地雅石收藏愛好者最好是從本地雅石開始收藏，並以本地雅石收藏鑑賞為主攻方向，得天時地利人和之便利，更容易出成果。

王承祥藏黃河石

第十七章
雅石市場走勢

前溪電轉失雲峰，夢裏猶驚翠掃空。
五嶺莫愁千嶂外，九華今在一壺中。
天池水落層層見，玉女窗虛處處通。
念我仙池太孤絕，百金歸買碧玲瓏。

——宋·蘇東坡

馬永新藏澎湖石

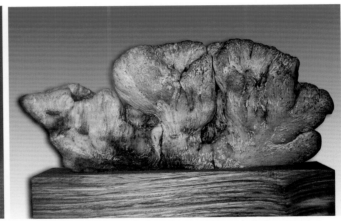

馬永新藏蛋白石

　　近年來，當代中國賞石文化在神州大地海峽兩岸得到了長足的發展。最主要的標誌是各種賞石展覽、專業展館、學術團體和專著書刊的大量出現，其勢有如雨後春筍，呈現一派欣欣向榮的繁華景象。與此相呼應的是，專門經營石頭的生意也應運而生並空前繁榮起來，在許多地方還逐漸形成了一門新興的產業。

　　賞石文化的欣欣向榮，孵化並培育了市場，雅石從單純的收藏品到現今增加了投資功能，雅石市場越來越大，正在走向成熟。

中國雅石市場觀察

　　中國內地的雅石市場曾經沉寂了 30 餘年之久，是改革開放及市場經濟的恢復發展，才造就了如今的石市。

　　上世紀 80 年代初，一批安徽鐵路職工利用假期把大批靈璧石運到北京潘家園銷售，從此引起了北京的賞石熱潮。

　　無獨有偶，幾乎與此同時，廣西人玩起了水沖石，內蒙古又有人大量開採風礪石，山

東、北京等地也陸續發現了新石種。這樣一來，連年在全國各地舉辦的各種規模的雅石展銷會也此起彼伏。那幾年，似乎是塊石頭就能賣錢。

有眼光的收藏家認為，這麼多石頭，其實有收藏投資價值的並不很多。過去賞石講究的是四大名石。「瘦漏透皺」四字標準是用來評價太湖石的，現在卻是什麼石頭都在用。好的石種是必須要經過時間和市場的考驗，才能成為「名石」。每一方雅石的價值漲跌，也都有它固有的規律——石品決定價格。

各地雅石收藏者日益增多，僅僅在徐州，雅石收藏者就達 1.5 萬餘人，如果再加上普通的收藏愛好者，就有 4 萬人之多，有人說在徐州幾乎每戶人家都能找到至少一塊靈璧石，收藏幾百塊、上千塊雅石的石迷不乏其人，有的石迷甚至收藏雅石上千噸。他們當中有上百人在全國各種類型的石展上榮獲過金、銀、銅獎。

近幾年雖說形成了一股「雅石熱」，但玩石的人數與總人口相比，絕對值還是非常之小的。所以，雅石市場目前無論就規模還是數量而言，還有待發展。這與臺灣的石市稍一比較，就可明顯地看出。

臺灣的石市較大陸發展稍早幾年。過去石友們採用的是私相授受、半獻寶半議價的流通方式，後來就逐步被一家家新成立的石頭市場所取代，到 20 世紀 90 年代，石市已可與郵票市場比肩，而其交易額動輒是幾萬、幾十萬新臺幣，郵票單價已不能望其項背了。

從投資角度來考察，新派賞石精品若想要有較高的身價，應該是主題先行，尤其是比較吉祥討巧的主題或是帶有傳奇色彩和故事情節的相關人物、文字的象形石（包括畫面石和造型石）。

自石市形成以來，內地的雅石已有相當部分流向海外。世界知名的一年一度的美國圖森博覽會上的雅石展品，新加坡勝淘沙雅石博物館的展品，以及東南亞國家、日本和中國、港臺愛石者的藏品中，有不少是從內地採購去的。

海外遊人、石商、藏家的雅石購買力在很大程度上刺激了石市的發育。同時，海外的新潮賞石觀也隨著商品交流影響了我國雅石界，與我國傳統賞石觀融會貫通，造就了一批有獨特經營品種的雅石經營者。

拍賣會為雅石熱推波助瀾

雅石熱的一個表現是石展和拍賣會日益增多，一些罕見雅石價值被認可。

1994 年 5 月，佳士得在香港拍賣了一方靈璧石，成交價為 8.6 萬港幣。

幾乎與此同時，蘇富比也拍賣了一方靈璧石，10.3 萬港幣成交。

同年，國內雅石市場上，廣西南寧的雅石拍賣會，一塊「雨」文字石以 8 萬元成交。

1995 年，深圳舉辦的雅石拍賣會上，一塊馬頭雅石以 30 萬元拍出。

1996 年，臺灣一客商在福建漳州看中了一塊九龍璧石，以 6 萬元成交。

1997 年 6 月 8 日，山東外運雅石館在北京

待拍賣的雅石（沈泓攝）

拍賣一塊名為《香港回歸》的臨朐彩石，酷似香港地圖畫面以 42.9 萬元的高價成交，是當年最高記錄。

上述雅石價格已經是高價位，而且產生於雅石貿易十分興旺的時期，當時全國著名的廣西柳州雅石市場和山東臨朐雅石市場生意紅火。有些石商一夜之間成了暴發戶，有些雅石產地的當地政府還在北京舉辦新聞發佈會，宣稱要把雅石貿易作為農民致富的一項產業，大力推銷雅石。這樣的紅紅火火一直從 1997 年持續到現在，但市場有所變化。

可能是國外認可古石引起了國內藏界對新石的懷疑。在國內，2000 年以後，南京雨花石、河南洛陽牡丹石、西北黃河石等熱門石種，開始經歷了價格跌宕起伏的過程。曾經於 1998 年在嘉德以 39 萬元拍出的一塊山東臨朐石，現在再交易恐怕 1 萬元也難賣出去。山東嶗山綠石曾經也是賣出過萬元高價，現在一塊以噸計的雅石，也就幾百塊錢，收藏者已經將這些地方石種排除在收藏之外，它們目前僅是供應禮品、家裝市場。

同時，也應看到，雅石收藏投資在中國剛剛興起，還沒有引起收藏投資者的足夠重視，這表現在一方面是現代新潮雅石的拍賣和交易的熱鬧，另一方面是古石的價格低迷。這說明了中國雅石市場剛剛起步，不理性、不成熟的形態。如嘉德 2003 年秋拍曾推出天津藏家「摩石精舍」的一組古石共 10 方，絕大部分都曾著錄發表過，結果成交率勉強過半，而成交價大都與估價相近，其中成交價最高的是一方清代菊花石山子（高 32cm），成交價為 7.7 萬元。

古石市場如此低迷的主要原因是藏家稀少，國內專事古石收藏者不過 20 人左右，境外藏家（以美國為主）也大致如此。而這正是投資機會所在。

收藏雅石古已有之，最著名的例子是現陳列於豫園的玉玲瓏，有記載表明這是宋代著名的花石綱的遺物。這樣的古石稱得上是無價之寶。目

雅石拍賣為藏家和商家帶來元寶
（沈泓藏廣西水沖石）

沈泓藏內蒙戈壁石

沈泓藏內蒙戈壁石

前拍賣市場接受的大都屬於此類古石，以太湖石、靈璧石、英石、雲石、孔雀石等為代表，一般是傳統瘦漏透皺的抽象類型，沒有明確的主題，作為古代文人的化身而稱文人石。

以廣西紅水河水沖石、內蒙戈壁石等為代表的新派賞石則代表截然不同的審美觀念，其注重形式美學，講究主題鮮明，最重質地，以其雅俗共賞、人見人愛的質色形紋而日漸走俏，身價倍增，市場成交價超過百萬元的已為數不少。

一方栩栩如生渾然天成重量僅為 91.2 克的內蒙戈壁俏色瑪瑙「雛雞破殼」，甚至被北京寶玉石專家評估價達 1.3 億元人民幣。顯然，這又過高估計了雅石的價值。

可見，當代賞石目前還沒有找到其合理的估（定）價參照體系，價格有點亂，所以即使是拍賣也是僅限於賞石圈內，一般的藝術品拍賣公司並不接受。

雅石收藏家徐忠根認為，雅石進入「拍市」是市場成熟繁榮的開始。

雅石市場從無到有，從以量取勝到越來越關注精品，這說明雅石收藏投資正在趨向成熟。雅石的優劣難以用固定的標準來衡量，但卻可以用公平的市場來衡量。這個市場發展培育了十幾年，尤其是近年來一些主打石種資源遭到嚴重破壞，供需矛盾日趨突出，雅石價格的浮動空間越來越大。

雅石市場冷熱面面觀

儘管雅石市場目前逐步走強，然而，目前國內市場尚在培育中，國外市場尚未全面打開，全國現正處於資源的尋找、開發和產品的收集階段，尚未有大規模的貿易（包括外貿）。但雅石市場已悄然出現卻是個不爭的事實。

沈泓藏瑪瑙石

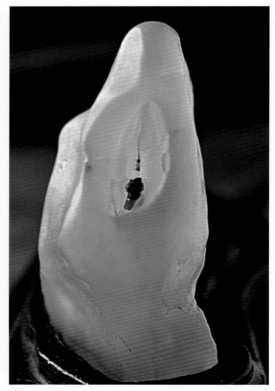

沈泓藏瑪瑙石

為普及地礦、雅石知識，全國已建立了一批規模頗大的地礦博物館、雅石館，如 20 世紀 50 年代國家就在北京西四建起了一座中國地質博物館。該館藏品豐富，品種齊全，共有中外各種類型地質標本 10 餘件，其中不乏古今中外地質珍品，大部分可列入珍貴雅石。該館每年接待中外觀眾近 10 萬人，為目前亞洲最大的綜合性地學博物館。南京、武漢、柳州等地則有專門的雅石館。武漢的《花木盆景》、廣州的《花卉》等雜誌就常有介紹雅石的專欄。

從國內市場看，與其他玩物如花卉魚鳥等比較，目前投資雅石升值勢頭猛，有人認為貴得毫無道理。但如果開採運輸跟不上消費，投資性的購買日見增多，國內市場就會出現炒賣炒買的現象，某些雅石的價格還會上漲。但如果開採運輸趕得上，中國幅員廣大，雅石蘊藏量甚大，價格即會下降。

比如瑪瑙，過去有珍珠瑪瑙之稱，十分貴重，但隨著大量礦藏的新發現，開採量的增大，瑪瑙價格也即下降。水晶的價格，隨著玻璃水晶（人造水晶，其成分與天然水晶差不多，只是手感沒有天然水晶的冰涼感）的大量出現，也受衝擊。購買者分不出真假，找便宜的買，天然水晶較貴反而賣不出。

所以，國內市場中很多品種目前還處於不明朗的時期，價格尚未穩定。黃金有價，雅石無價，在全國未取得共識和平衡的情況下，各類雅石的價格很難統一，購買者和投資者要注意搜集資料，瞭解行情，掌握資訊，否則常會吃虧。

對於有實力的雅石投資者，雅石的外貿潛力也是很大的。但外貿還有個石種的選擇問題，如臺灣地區多喜歡黃臘石、象形石、菊花石等，歐洲、美洲多喜歡礦物晶體等，新加坡多喜歡當地沒有的或雅石館未收藏的雅石，日本、韓國、泰國等東方文化圈也玩石，也需要一定數量的雅石，瞭解各國、各地區的愛好，對組織貨源，做好雅石出口也非常重要。

樂觀看待投資雅石後市

關於投資，不少理財專家都有「三分法理財論」，即如果有餘錢，把錢分為三份，一份存入銀行，一份購買國債，一份炒股。有人算了一筆賬，不論儲蓄，還是買國債，年利率都不會超過 5%。即使是用 10 萬元現金炒股，年收益率也難以超過 10%。

但如果把 10 萬元投資雅石藝術品會怎樣呢？有人以廣州舉辦的一次雅石拍賣為例，柳州藏石家李明以 56 萬元拍回 10 年前自己以 8 萬元賣掉的兩塊雅石。也就是說，10 年前花 8 萬元買李明兩塊雅石的收藏家，10 年後收益率為 700%。上海一位雅石收藏者用不到 2 萬元的錢買回兩塊靈璧石，1 年後 20 萬元賣出，年收益率為 10 倍。上海另一位雅石收藏者以 7 萬元買回一塊葡萄瑪瑙石，3 年後翻倍賣出，年收益率為 33%，當然以上都是特例。

至於雅石市場上價值數十數百元的石頭，如賣出的話，年投資收入率也是可觀的，這是雅石行內人均知的道理。雅石作為天然藝術品同其他古玩字畫相比有所不同，因為任何一塊雅石都可以說是世上的孤品，找不到兩塊完全一樣的雅石，這也是目前雅石市場逐漸興旺的一個原因。

據行內專家預測，與海外相比，國內的雅石行情仍偏低。古玩字畫拍賣會上，幾十萬元一件的拍品還僅為中檔品，而靈璧石、大化石、三峽石、彩陶石、風礪石等稱得上特級孤品，在拍賣會上也只能要價幾十萬元一塊。

沈泓藏石　　　　　　　　　　沈泓藏石

永新雅石館木化石

由此，有一些雅石收藏家堅定看好後市，他們認為，中國的雅石市場還遠遠沒有成熟。有著數千年賞石歷史的石玩也僅在拍賣會上偶爾露面，這說明雅石市場仍隱藏著很多投資機會。

六種市場交易形式

如今中國內地的石市，大致可分為六種市場交易形式和類型。

第一種是公開的交易市場。比如上海江陰路花鳥寵物市場上，也有一些專營雅石的店鋪和專售雅石的地攤，還有一些兼營的商店與外地人臨時來滬所設的地攤。此外，還有零星的雅石商店。柳州最主要的雅石交易場地則在柳江河畔的江濱公園一帶。在週末，又會有多處臨時成集的石市。

第二種是借召開雅石研討會或舉辦石展進行雅石交易。在這種場合，除了少數觀眾有所選購，大量的是行內人互做交易，成交量頗為可觀。

第三種是雅石拍賣會上交易。如今雅石作為藝術品的一個門類，已經走上拍賣場，並且這種趨勢將更加走紅。

第四種是家中交易。這大多是由行內人或朋友間互作介紹、撮合而成。有的海外石商，在獲知國內某一藏家備有待價而沽的名石，會設法與之聯繫，經過商洽而成交。

第五種是網上交易。現在專業的雅石網站比比皆是，據筆者觀察，至少有 100 家，網上交易將隨著科技發達更加興旺。

第六種是在雅石產地現場交易。為了得到新鮮出爐的佳石，雅石收藏家會不辭勞苦地奔赴雅石發掘和打撈現場，捷足先登地挑選第一手雅石。如在紅水河的枯水季節，一批雅石收藏家和石商守候在河邊，等待石工將雅石打撈出來，然後就地交易。

透過這些方式成交的雅石，一般都是上層品位的。

從我國雅石市場的狀況看，家中交易形式占了一定比例，即賣者與買者需要互相找、互相介紹，能找到長期客戶者才可能在這一行站住腳。在一些城市中，有的專業商店開張不久就關門或轉產了，這與整個雅石市場尚未發育成熟是很有關係的。

雅石的市場行情

投資者要研究雅石的市場行情。雅石是萬古大地精髓，不能再生，由於發現較易，往往只有短暫之時間就搜羅殆盡。如

沈泓藏石

沈泓藏石

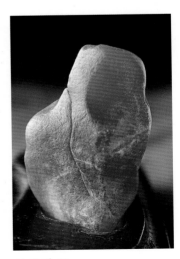

沈泓藏石

沈泓藏石

沈泓藏石

沈泓藏石

沈泓藏石

今石源枯竭，雅石收藏家們最擔心的不是沒有人欣賞雅石而是雅石的來源稀少。

在賞石風氣盛行，以石為收藏觀賞的，以石為居家陳設的，以石寄情養性的，大有人在，雅石從出土到受鑑賞，再藏之閣櫃，流程越來越短，雅石稍縱即逝，讓收藏家徒喚奈何。對很多有一定收藏量的收藏家來說，有時不是價格的問題，而是拿著錢買不到好的石頭。

作為一種採自山野似乎是揀來的便宜的雅石，作為可以流通的藝術品而言，雅石可能是最難於劃定價格的商品，很難定出確切的參考價，市場交易全憑收藏者愛好和趣味。所以，我們往往可以看到一塊雅石標價 1 萬元，最後 500 元也賣出去了，因為石商就是 100 元買來的，比標價低 20 倍，他也還有 4 倍的利潤可賺，而商人的天性就是有利可圖就可成交。

目前在石市上，雅石的價格也是五花八門，因石頭的品種以及造型意境諸原因，價格相差十分懸殊，從 10 元到兩三萬元的都有，同一體量的雅石，價格可相差幾倍乃至上百倍（僅指中國而言）。這似乎正說明了雅石是無價的。

相對而言，雨花石的價格稍穩定些。有收藏家公佈了南京雅石市場上雨花石的參考價。

1. 細石，主要是指雨花瑪瑙和蛋白石等。

水石通貨，視通貨中成色而定，每千克幾十元，經過挑選，可達幾百元。

拋光石通貨，同樣視成色而定，每千克十幾元至幾十元，如經挑選，可達幾百元。

等級品，不論是水石或拋光石，按個論價。最低每個十幾元、二十幾元，高則成百上千，乃至更高。在南京市場上，曾成交了一枚珍品雨花石，價格是 3000 美元，但遠非最高價。

2. 粗石（俗稱花彩石）。

水石通貨，價格低廉，甚或八九角就能買一千克。拋光石通貨，視成色而定，每千克一至三元。粗石中的等級品，也是按石論價，每枚幾元、幾十元、幾百元甚至更高。

上海江陰路花鳥市場供應雨花石的攤位也有好幾處，行情與南京雅石市場相仿。

而靈璧石現在的市場行情就不好說了。靈璧石向來為海內外藏家青睞，價格也高，且該石一直以來市場價不斷攀升，一塊普通的靈璧石報價也不低，是因為收藏者都知道，靈璧石受到大量雅石收藏家組織人員開採挖掘，資源耗盡。然而，近年市場上到處都可以看到靈璧石，不少魚目混珠者，使它信譽下

沈泓藏石

降，總體價格也較前大為降低了。

　　廣西紅河的彩陶石儘管發現較晚，上世紀 80 年代才為更多的雅石收藏者所知，但已成為最熱門的雅石收藏品種之一。1996 年，筆者在深圳羅湖商業城買了幾塊小彩陶石，當時每塊僅僅 10～50 元，現在，這個價錢是不可能買到的，而且如今好的彩陶石很難覓到。所以市場價堅挺，仍在攀升。

　　據筆者分析，彩陶石屬於時尚石，如今風頭正勁，究竟何時它的價格才能平穩呢？估計只有當另外一種時尚石被人發現的時候，人們又會一窩蜂地去追逐新的時髦，這時舊的時尚如同被遺棄的少婦一樣，眼睜睜地看著活力四射的少女成為萬千寵愛。由此看來，在這個日益浮躁的急功近利的時代，雅石收藏也可折射社會風氣，雅石投資也猶如股市投資，炒題材、炒潛力、炒業績、炒預期，跟風逐流，且將越演越烈。

第十八章
如何投資雅石

人間奇物不易得，一見大呼爭摩娑。
米公平生好奇者，大書深刻無差訛。

——元·趙孟頫

沈泓藏石

　　將雅石作為投資工具是近些年的事。在古代，雅石也稱為「石玩」，這與「古玩」「玉玩」之稱相像，是認為有閒情閒功夫與閒錢的「玩意兒」，並沒有把它作為投資蓄財的工具。

　　有人說「石不能吃，不能用」。其實，世間最珍貴之物都是「不能吃，不能用的」。雅石的價值在於文化。

　　正是有了這樣的覺悟，才有當代雅石投資行為。那麼，對於初入門的雅石愛好者，或有志於雅石收藏投資的人士，到底該如何投資雅石呢？

雅石的價值判斷

投資雅石，首先要對雅石的價值有一個正確的判斷，否則就會高買低出，不僅達不到投資目的，反而會血本無歸。

雅石價格的構成因素較為複雜。一方面，它根據石市當時的行情上下波動；另一方面，某一方雅石也因買賣雙方個人的喜好程度而擺動，有時幅度還較大，帶有一定的隨意性。所謂「黃金有價石無價」，很大程度上即指此而言。

在石市穩定的狀態下，影響某一石種或某一方雅石價格的因素有很多，收藏投資者主要應把握以下幾點來決定是否值得投資。

(一)越奇特的雅石投資價值越高

奇特主要是指形狀，此外還有顏色、紋理等。如靈璧石的顏色有紅色、有紫色、有黑色、黃色，這當中黑色是最常見的一種，而紅色較少見，若紅色再配上砂漿，像一個天降熔岩一樣，這就是靈璧石當中的上品，即龜紋石。

(二)越珍貴的雅石投資價值越高

石品質地高貴且珍罕的品種，就有珍貴價值。如河卵石的價值就不能和靈璧石相提並論，而靈璧石在同等重量上又不及雨花石，雨花石又不能和新疆羊脂石相比。

具體到某一雅石上，又要具體而論。一塊形狀上像龍鳳呈祥的靈璧石，多次在省級、國家級大賽上多次獲獎，就是因為它的珍貴。

據這塊靈璧石的收藏者稱，它的珍貴性體現在四個方面，就是現在玩石頭的人所講的形、色、質、紋。該石形狀上極像龍鳳。石身密紋滿布，紋理珍貴，更特別一點就是透──上面有洞，藏石界人士說，石頭難得有洞，石頭有洞價錢要命。

沈泓藏石

沈泓藏石

沈泓藏石

沈泓藏石

(三)越稀少的雅石投資價值越高

「物以稀為貴」，這是一般的市場法則。稀少是在相對比較中形成的，有兩個概念。

一是指石源的稀少程度。石源藏量多，價格低，稀少則價高。比如廣西的紅河石產地就那麼一段，採石季節也有限制，隨著上品紅河石越來越稀少，所以它的價格就居高不下。

另一概念是指在同一石種中，某一方雅石之形態、圖案、色彩可遇不可求，十分難得，這方奇石價格就相對要高。例如三峽石文字組石「中、華、奇、石」，現僅發現這一組，且字型搭配也較恰當，所以格外令人珍視。若是今後有人又尋覓搭配成一套，那前一套的價值顯然就要降低。

(四)越美妙的雅石投資價值越高

美妙即雅石的審美價值，主要體現在雅石的色、紋和圖案上。審美價值越高的雅石，其收藏價值就越高。美妙不排斥醜陋，因為雅石鑑賞往往是以醜為美的，醜到極處也是美到極處。

(五)越富有歷史價值的雅石投資價值越高

歷史價值有兩個概念。一是指石頭的「古氣」。雅石是天然的無機物體，往往在土下水中長時間隱藏，作為觀賞石陳列後，長期與空氣接觸，其石肌會因風化作用而慢慢古老化，又因長期摩挲等原因，還會有二層包漿，以致產生高雅的氣質，給觀賞者帶來視覺上的舒適感。一般來說，時間愈長，石頭價格也愈高。

另一個概念是指是否有名人效應。如這方雅石在歷史上曾為某名人收藏過，且有確切憑記，那麼它的身價定然陡增。這種例子在歷史上是很多的。

(六)越富有藝術性的雅石投資價值越高

藝術性主要指雅石的藝術價值，給人想像空間越大的雅石藝術價值就越高。藝術價值和審美價值有一定關係，但又有所不同。比如，一塊象形圖紋的雅石，我們往往用審美價值來評價，而一塊抽象圖紋的雅石，我們則往往用藝術價值來評價。

有人把襯托價值也當作一種價值判斷，這是另外一種標準了。因為雅石的托、架、盤等都不是雅石本身的價值。但把襯托價值當成一種市場價格的判斷也是有助於收藏者購買時作為參考的，從這個角度看，有一定道理。襯

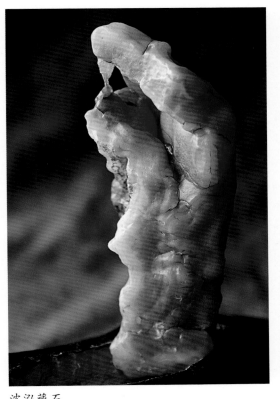

沈泓藏石　　　　　　　　　　　沈泓藏石

托得當，往往能使石價倍增。上品雅石最常見的是用紅木、紫檀做木托。

什麼樣的雅石值得投資

毫無疑問，是否會判斷雅石優劣是投資成敗的先決條件（而判斷真偽則是投資成敗的關鍵），這裏，眼光起決定作用。

雅石的高下優劣可以按照一定的評價標準來衡量。這裏，既有統一而概括的普遍標準，也有按不同類別、不同石種進行同類對比的分類標準。根據雅石鑑賞專家意見，無論普遍標準還是分類標準，都應包括科學、藝術兩大因素。同時，由於各石種的形、色、質、紋等觀賞要素和理化性質互不相同，因而它們的欣賞重點和審美標準也有所區別。

具體而言，可從以下判斷雅石優劣的標準來決定是否投資一塊雅石。

(一)平淡無奇的雅石不宜投資，有精神氣韻的雅石值得投資

雅石投資最忌什麼都買，最後買的是一堆普通的石頭，不用說佳品，就連普通的雅石都算不上。什麼樣的雅石才值得投資呢？就是那塊一眼看上去就能吸引你的視線、能打動你的心的那塊雅石。是什麼打動你的心，就是雅石的精神和氣韻。

(二)破損的雅石不宜投資，完整的雅石才有投資價值

完整是指雅石的整體造型是否完美，花紋圖案是否完整，有沒有多餘或缺失的部分，以及色彩搭配是否合理，石肌、石膚是否自然完整，有沒有破損。

在評價一塊雅石之前，先要從上下、前後、左右仔細端詳它的完整度，若有明顯缺陷，

沈泓藏石

沈泓藏石

沈泓藏石

沈泓藏石

則應棄而不取。特別要注意是否斷損，有的雅石斷損後進行粘合，則在粘合處留有痕跡。

　　（三）形狀平庸的雅石不宜投資，造型美而奇的雅石值得投資

　　根據古人觀點，評價石頭有「皺、瘦、漏、透、醜、秀、奇」七大標準。

　　皺——指石肌表面波浪起伏，變化有致，有褶有曲，帶有歷盡滄桑的風霜感。皺還指石膚之紋理。

　　瘦——形體應避免臃腫，骨架應既堅實又婀娜多姿，輪廓清晰明瞭。

　　漏——在起伏的曲線中，凹凸明顯，似有洞穴，富有深意。

　　透——空靈剔透，玲瓏可人，以有大小不等的穿洞為標誌，能顯示出背景的無垠，令人遐想。

　　醜——較為抽象的概念，全在於選石、賞石時自己領悟，「化腐朽為神奇」。莊子在戰國時代即提出把美、醜、怪合於一轍的「正美」，以圖「道通為一」。後世蘇東坡、鄭板橋又提出了「醜石觀」。其意義在於千萬不要以欣賞美女的情調來賞石，要超凡脫俗。

　　秀——與「醜」看似矛盾，實為對立統一。強調的是鮮明生動，靈秀飄逸，雅致可人，避免蠻橫霸氣。

　　奇——造型為同類石種中少見，令人過目不忘，個性極其獨特。

　　現代雅石審美觀點又有了新演進，認為上品自然景觀石還應符合下列兩個條件——雄與穩。

　　雄——指氣勢不凡，或雄渾壯觀，或挺拔有力。

　　穩——前後左右比例勻稱，符合某一景觀自然天成的狀態。同時，底座要穩定，安如泰山，不能給人一種不安定感覺。

　　各個石種都有抽象石，且所占比例很高。評價它們的造型是否優美，太湖石等是以「七要素」來品評的，而有些石種如紅河石、河洛石、黃河石、回江石等，則以其點、線、面的結合是否完滿來評價。

　　雅石是一種三維空間形象的藝術品。在三維空間中，線是面的邊界線，形是面構成的體，線則附於形體的邊界而變化。當點、線、面構成的抽象石形體表現得流暢，或顯得靜穆，或顯得富有動感時，便具有美感。至於其高下，則應就一塊具體的石頭進行評價。

(四)顏色渾濁的雅石不宜投資，色彩單純或古樸的雅石值得投資

此條不可一概而論，因各個石種有不同的要求。昆石、鐘乳石以晶瑩、雪白為上，黃臘石以純黃凝凍為上，太湖石以青白為上，嶗山綠石以墨綠為上，靈璧石、博山文石以玄黑為上，墨湖石以油黑光潤為上；卵石類中也有很多屬於色彩石。色澤單純或多重色彩巧妙搭配均可能歸入上品。

一般來說，具象石類與抽象石類的色彩以沉厚古樸的深色系列為佳。尤其是景觀石，因受傳統山水水墨畫的影響，一向重視意境的營造，為求景觀的悠遠深邃，崇尚深色系列，如黝黑、墨綠、褐色、紫色、深紅等，最忌顏色的混濁不清和刺激性的「俏」色。

(五)石質鬆軟的雅石不宜投資，石質硬密的雅石值得投資

石質包括硬度、密度、質感、光澤等因素。其中，硬度是決定石質優劣的關鍵。

硬度是礦物抵抗某種外來機械作用特別是刻畫作用的能力，通常用摩氏硬度計測定。摩氏硬度標準分為 10 個等級，以 10 種岩石代表其硬度。

雅石應該有適當的硬度，石質過軟，容易脆碎、風化、質地疏鬆多孔，給人一種糟朽的感覺；石質過硬也有缺點，硬度過高往往導致情調欠缺，與雅致的氣息背道而馳，難以達到百看不厭的境地。所以，雅石的硬度應當至少在 4 度以上，但以不超過 7 度為宜。

(六)石音沉悶的雅石不宜投資，石音清越的雅石值得投資

好的雅石，用硬棒叩擊，能發出悅耳的聲音。這種情況，不僅體現於靈璧石，其他雅石在同一石種的互相對比中，也可分辨。比如英石，宋人陸游在《老學庵筆記》中就說：「其佳者質溫潤蒼翠，叩之聲如金玉。……色枯楠，聲如擊朽木，皆下材也。」

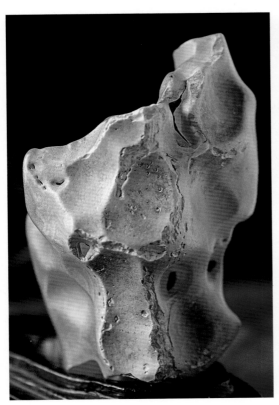

沈泓藏石

沈泓藏石

(七)石肌枯燥的雅石不宜投資，石肌溫潤的雅石值得投資

石肌是雅石的表面肌膚。具有一定硬度的石頭露於山土經受風吹雨打，或在河床中長年經水流衝擊，表皮較軟部分會自然剝脫成石肌，同時較硬部分歷經沖刷，也會變得圓潤。

一般來講，石肌具油脂光澤、金剛光澤者為上，玻璃光澤、金屬光澤者次之，無光澤者最差。賞石者常說的「潤」主要指光澤性好。沒有光澤的石頭顯得比較乾燥，表面總像蒙著一層灰塵，不理想。早在宋代，趙希鵠在《洞天清祿》中就指出：石以「色潤者可愛，枯燥者不足貴也」。

(八)紋理雜亂無章的雅石不宜投資，紋理美觀的雅石值得投資

對於圖案石來說，紋理是否美觀耐看，是評價的首要因素之一。對於其他的雅石，紋理搭配恰當與否也很重要。

岩石上的紋理主要是在成岩時期原生的，或岩石受礦液浸染而成；其次是岩石後期風化，以致形成各種花紋。如廣西紅河石，原岩是淺灰色細砂岩，破碎後被紅色氧化鐵浸染膠結，經風化使底色土黃，有的就顯出了黃地紅紋。

(九)體量過小的雅石價值較低，體量適當的雅石值得投資

體形大小一般不是構成雅石高下優劣的因素，只是在作為商品時成為價格的參考。

通常，在雅石市場上，同等質地和造型的雅石，越大價值越高，越小價值也就越低。雅石若是太小，難以體現叢巒疊秀的景觀，也不易引人注目，只適於手中把玩；若是太大，就不適宜於一般居室內清供，只可作廳堂賓館的陳列、園林的點綴。

雅石的高度一般在 5 公分以上，100 公分以下為宜。5 公分至 20 公分為小型雅石，20 公分至 65 公分為中型雅石，66 公分至 100 公分為大型雅石。這個標準是相對而言，比方有的雅石高才四五十公分，長度卻超出了高度許多，這無疑也屬於大型雅石。

防範雅石投資風險的關鍵：辨偽

辨偽是防範雅石投資風險的關鍵，但雅石特別是古石的鑑別非常之難。

就石頭本身而言，石頭本無所謂真假，但是雅石具有觀賞、收藏、流傳價值，可以作為商品流通，各個石種之間又有價值高低、數量多寡的區別，因此也出現此類石冒充彼類石以牟利的問題。

雅石辨偽問題，早在宋代就已產生，古人根據實踐經驗，曾採取過有效的檢驗措施。

如有的太湖石形態與靈璧石類似，叩擊亦微有聲，有人就將太湖石染黑冒充靈璧石。怎

沈泓藏石

沈泓藏石

樣分辨呢？由於靈璧石硬度較太湖石高，檢驗時可以用利刃輕輕削刮石之底座，若是刮出石屑，即為假靈璧。另外，太湖石雖有白脈，但遠不如靈璧石黑中映白的條紋清晰而眾多，這也是分辨一法。

太湖石因有水旱之分，水石因久經波浪沖激，石面嶙峋有「齶」，俗稱「彈子窩」；且石性溫潤。旱石久生岸上，石面較平坦枯槁，不足貴。於是有的石商將旱石斧鑿出條痕坑洞，爾後以網盛之沉入湖水中，過一二年乃至數年再撈起，以充水石出售。分辨水石、旱石，主要看石之坑洞自然與否，石肌是否圓潤有光澤。以上是古人檢驗識別雅石的經驗。

在現代，辨別雅石真假，也看是否以它石冒充名品，收藏者可以多參觀雅石名品展覽或觀看圖片，以正確判斷。此外，還是要看其造型有沒有人為加工。

沈泓攝

雅石作假技法揭秘

預防買到作假雅石，有必要對其作假技術進行一些瞭解。

現在的雅石作假已經不是古人的作假了，甚至將高科技方法和新型材料用於假雅石的製作，以致使若干假雅石達到亂真程度，肉眼極難識別。具體分析其技法，目前常見到的有以下幾類：

(一) 鑲嵌法

所見到的是在黑色質純石灰岩石自然塊體上開挖鐵鍋底形凹面，其中置入球狀礫石，並膠粘堅固，使二者渾然一體，天衣無縫。

具有一定地學知識的人對此種「雅石」不需特別鑑定，一看便知是假。因為質純石灰岩為深海化學沉積的產物，而礫石則是陸地河流域海濱經砂石磨礪和水流沖刷形成的，二者生成環境截然不同，不會結合在一起的。

(二) 塗色法

利用岩石具有一定的滲透性，在岩石表面塗抹適當的水色，製作出太陽、月亮或動物圖形。用此法作假主要利用大小不等的卵礫石，在其上描繪圖形。實際上是在預設的圖形周圍塗色，而圖面保持原色，使這種作假方法更具迷惑性。

(三) 粘綴法

粘綴的目的往往是為了增加雅石的奇巧程度。宋代畫家兼石商李正臣家中雅石眾多，「然石之諸峰，間有外來奇巧者相粘綴，以增險怪，此種在李氏家頗多」。

粘綴主要用於具象石，所以觀察自然景觀石時就應注意石之起峰處，觀察象形石時就應

注意突出部分（如手、足、翅、五官等），看其是否與主體渾然一體，有否膠粘痕跡。

(四)退色法

在非白色而色調均一的岩石上（大多是沉積而成的碳酸鹽類岩石），使用具有腐蝕性和吸色性溶液，勾畫出事先設計好的圖形，如龍、馬、豬等形狀，使圖形部分的岩石退成淺色至白色，亦可達到亂真的效果。

(五)鐳射注色法

直接用鐳射注色，在岩石表面形成圖像，如在淺綠色岩石上注入深綠色勾畫出樹狀圖像的比較多見。還有用此法使岩石改色，用岫岩玉改色的作品目前常有所見，名之曰仿古作品。

(六)斧鑿法

斧鑿、切面、鋸底對於大多數雅石來說是不適宜的（除嶗山綠石、大理石等特殊石種之外）。古人用斧鑿作假較易分辨，因其痕跡較明顯，而現代人利用鹽酸來模糊作假痕跡，分辨就比較困難。

(七)刻槽充填法

在灰黑或黑色花崗質岩石自然面上，按欲想的圖形鑿出寬窄不等的淺槽，用無色強力膠水拌和方解石或石英等白色粉粒，充填於刻好的槽中，並做好協調性處理，提高逼真程度。常見的有在黑色花崗質岩石上製作的龍形圖案和在黑色石灰岩上製作的假菊花石等。

(八)鑽洞法

現在有些人為了使雅石增值，使用更為現代的工具，巧妙地用電鑽電銼法。因為鑽頭、砂輪的型號有多種，可任意在需要處鑽洞、磨峰。一塊本來並不起眼的景觀石經過這樣加

沈泓攝

工，就有凹有凸，峰巒疊起，洞谷幽深。加工者在鑽洞磨峰後往往還細緻地用細砂磨、鹽酸漬，不經意者往往難辨其真假。

(九)雕琢法

雕琢法作假常用於化石類。常見的作假化石有龜、青蛙、貴州龍、海百荷、三葉蟲（燕子石）等。龜、青蛙等假化石多用碳酸鹽類岩石，先雕琢成基本形狀，然後採用化學製劑作假。

(十)腐蝕法

對一些採用雕琢法作假後的化石，置於鹽酸等溶液中浸泡腐蝕，使之去掉雕琢痕跡。然後像其他假文物一樣進行作舊處理，即堂而皇之冒充化石。

(十一)粘貼法

製作貴州龍、海百荷、三葉蟲等假化石，則是用特殊材料，比照相應的真化石製作成形，粘貼在常產出此類化石的岩石片上，並使之彌合良好。

(十二)粉粒法

此種作假主要用於礦石類，有兩種形式。其一是用岩石粉粒拌和膠質，塑成礦石模樣，在未完全固化之前，表面嵌入某種大小不等的礦物晶體，如方鉛礦、閃鋅礦、黃鐵礦、電氣石和石榴石等，使之狀若自然礦石；其二是利用某種礦石或礦物粉粒，加入膠質後，直接雕塑成某種形態的類礦石。

凡此種種，不一而足。由於作假手段高明，有些假品，即使專業人員憑肉眼也難下結論。一方面，廣大石友應逐步提高辨別雅石的能力；另一方面，雅石已進入商品行列，應納入工商管理範疇，打擊作假，保護雅石愛好者的利益。

沈泓藏石

雅石辨偽技巧

雅石造型的人為加工與否，須細細辨別。若肉眼不行，可用放大鏡仔細觀察石之特異處。

一是看條紋是否清晰。

有的太湖石形態與靈璧石類似，叩擊亦微有聲辨別時可以看它們的白脈條紋，太湖石雖有白脈，但遠不如靈璧石黑中映白的條紋清晰而眾多，這也是分辨一法。

二是看其紋理有沒有突然改變走向。

三是看其色澤是否有微妙的濃淡深淺之變化。

四是看底座是否刮出石屑，以及石屑的顏色品質。

五是看其石表與他處是否有區別，是否有「暴斑」、

沈泓藏石

沈泓藏石

「鑽花鑿印」。

六是看石之坑洞是否自然。

七是看石肌是否圓潤有光澤。

警惕天價雅石的泡沫

近年來各地雅石收藏者普遍對雅石價格飆升發出無奈的歎息，拍賣市場更時時爆出「天價」雅石。難道石頭真的貴於黃金？難道雅石的文化價值與經濟價值失去了衡量的「度」？

有人對雅石的文化價值不是以其蘊涵的信息量給予評判，而是基於它所反映的經濟價值之上，錯誤地將雅石價格作為衡量其價值的重要依據，造成價格與價值之間的錯位。當今的雅石商販們瞄準了市場供需矛盾突出這一環節，只要是資源稀少的石種，不論其是否具有藝術性和觀賞性，均漫天要價。這種傾向給市場造成了負面影響，阻礙了雅石商品的正常流通。

2004 年，國際藝術品拍賣市場上誕生了世界上最昂貴的畫作——印象派油畫《拿煙斗的男孩》，價值 1.05 億美元。蘇富比拍賣行自從有藝術品拍賣以來，這個天價積累了 200 多年。而中國的雅石收藏從上世紀 80 年代中期興起，短短 20 年的時間，便創造了從 2 位數飆升到 9 位數的「世界奇跡」。

儘管雅石收藏界年年創出天價，但藏石者對「億元天價其實難以兌現」卻都心知肚明。有收藏者指出：天價的出現，其實是雅石市場混亂的必然反映，而混亂的雅石市場正在使越來越多的人陷入雅石收藏投資的誤區，並蒙受著巨大的損失。

現在的雅石市場，正在由初興時的「玩石過於大眾化」轉變為收藏群體的兩極分化，即精英和大眾共同構成雅石收藏投資的群體。富裕的藏家開始成為市場主導，他們藏石不計成

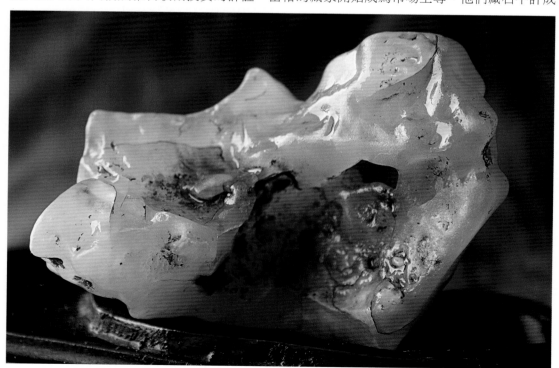

沈泓藏石

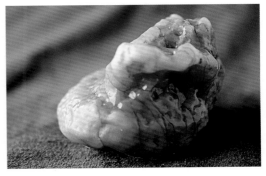

沈泓藏石　　　　　　　　　　　　　　　沈泓藏石

本、追求精品，他們的需求抬高了雅石的價格。此外，除了真正的藏石家，還有專門「囤積居奇」的投資者。他們的介入，應該是雅石價格高漲的另一個重要原因。

　　那麼，近兩年是什麼原因使得這些剛剛湧現的石種，其價格迅速升高後又很快回落呢？

　　一兩次高價成交，使工薪階層的收藏大眾，尤其是剛入門的新手，誤以為這就是投資熱點。再加之雅石產地地方政府大興雅石開發，想方設法引導人們收藏投資地方石種，但人們對新興的石種並不瞭解，使一些產量較大的地方石種供大於求後迅速貶值。雅石市場的過度商業化和企業家介入收藏投資，影響著市場大起大落。大玩家海中弄潮，小玩家浪裏泛舟，收藏者投資在雅石上真要慎之再慎。

　　一塊雅石能賣多少錢，不僅收藏者心中沒數，整個市場也難有標準。結果是一塊石頭喊價十幾萬，兩千就買了；喊價幾十萬，一兩萬就出手了。他們都認為價錢高開不吃虧，卻不知這樣反而損害了自己的信譽。大家都這麼做，整個市場就顯得混亂沒有規範。

王承祥藏黃河石

「雅石」投資不可能一步登天

　　有人認為，雅石天價把人逼進了死胡同。現在看來，並非雅石價格越高越值得收藏投資，對那些不斷湧現的新石種，前幾年收藏者的確是衝著天價去的，熱點全在被炒高的石種上，所以高價頻出。現在看來，收藏投資於此的，也是跌的最慘的。一味高價，把一些盲目收藏投資的人逼進了死胡同。

　　上海觀賞石協會理事徐忠根並不一概排斥天價雅石，他認為，依據當前國內賞石文化現狀和收藏群體動態，今後一個時期雅石價格將存在上升空間，還會不斷出現「天價」雅石，這是無法回避的。從某種意義上講，「天價」現象能夠促使培養精品意識、提升收藏品位、引導投資方向。

　　雅石價值與價格的回歸並非是由雅石價格大幅度回落而得以實現，而是要靠市場規範的交易和收藏投資心理的成熟。

沈泓藏石

第十九章
雅石的相關知識

磐磐大石固可贊，一拳之小亦可觀，
與石居者與善遊，其性既剛且能柔。

——郭沫若

　　雅石是美化園林、裝飾廳室的天然藝術品。故有「圍無石不秀，廳無石不雅」之說。

　　雅石自然天成，寓意深遠，賞石藏石可養心益智，陶冶情操。自古名人多愛石，孔子、屈原、李白、杜甫、米芾、蘇東坡及當代的沈均儒、周恩來、楊尚昆都是賞石名家。

　　中國雅石文化歷史悠久，起於春秋，興於唐宋，盛於明清。雅石是傳承文明的載體，歷史滄桑的見證，因而人們將雅石視為永恆的收藏瑰寶，理想的饋贈佳品。

王世定藏石

王世定藏石

沈泓藏石

沈泓藏石

生石

生石也稱為「新石」，是指近期挖掘出土，或還沒有經過一段時間的賞玩，缺乏人文氣息的，鑑賞審美時感到有野氣與火氣未消者。這一部分石品需經過起碼 5 年以上得法的保養才能消火去野，提升審美價值。

熟石

熟石也稱「舊石」，是指經過數年乃至數十年的賞玩，石體經空氣常年氧化作用，氣色轉暗，內在氣質外溢，初步或已經石皮上「漿」者，這一部分雅石的升值潛力巨大，是將來雅石拍賣的主流。

老石

老石也稱「古石」，是指清末以前的歷代遺存。

老石古樸自然，包漿雅亮，老氣橫秋，靈氣十足。其中少數還有古代文人的題銘留款，更顯名貴。

從傳世老石看，一是塊度較小，「拳石蘊涵千古秀」；二是造型完美度是「昔非今比」。

遺憾的是傳世老石、名石實已鳳毛麟角，且大部分已漂洋出海，作「他山之石」，極少部分現藏存於京、津、滬等雅石收藏家之手。

手玩石

什麼叫「手玩石」？

貴州安順的收藏家王在卉說：「如果要給它下個定義的話，我以為可這樣說：凡是意趣生動、質地細膩、體量小巧，適宜於拿在手上觀賞、擺弄、把玩的雅石，便可稱之為手玩石。」

物以類聚，雅石的分類方法很多，而「手玩石」是按其「實用功能分類法」所分出來的一個類別。其自身有 4 大特點：一是小巧玲瓏，二是質地溫潤，三是意趣生動，四是不易損壞。

根據筆者的收藏，最適宜做手玩石的是沙漠石，它質地溫潤，如玉似脂，堅硬耐摔，且形態多姿，小石頭大世界。

手玩石石子雖小，但「石小乾坤大，天然靈氣多」，枝江籍著名藏石家來層林先生的「中華奇石」、「十二生肖」，每塊只 10 公分左右，卻因其珍豔，享譽海內外，聯合國科教文

第二十章
雅石名家的成功路

吾生尤好石，謂是取其堅；
掇拾滿吾居，安然伴石眠。
至小莫能破，至剛塞天淵；
深積無苟同，涉跡漸戔戔。

——沈鈞儒

王世定藏石

　　江山代有才人出，在這個雅石收藏風起雲湧成為盛事的時代，雅石收藏大家如長江後浪推前浪，層出不窮。

　　性格決定命運，每一個雅石收藏家從雅石愛好者成為大家，都有自己獨特的人生經歷和收藏道路，是不可重複的。然而，研究他們的得失經驗，學習他們的成功之道，對於我們收藏、鑑賞和投資雅石，卻極具借鑑意義。

深圳「石迷」王世定

　　古有梅妻鶴子，那不只是一份癡迷的雅趣，還是一種空靈的境界。初識「雅石迷」王世定，我笑稱他「梅妻鶴子」要改為「石妻石子」了。

　　那是在羅湖商業城東方雅石博覽會上，我正和來自上海東方雅石園的馬永新談石頭，一個眼睛大大的中年漢子走過來，摩挲著一塊塊雅石如數家珍。每一塊雅石的產地、特點、盛行時代和地位，他都能一一道來，顯示出豐富而淵博的石識，還有他獨到的審美眼光。

　　馬永新介紹：「他就是王世定！是中國 50 大雅石收藏家之一。」

　　馬永新還對我介紹，王世定正在忙於參與籌備深圳雅石收藏學會，為石文化的普及推廣而奔走呼號。

　　王世定遞過來的名片十分別致，是一位書法家題寫的三個草書「點石居」，還有一方以同樣名稱篆刻的紅色印章，印在厚厚的石頭紋路的名片紙上，古樸典雅。

　　「點石居」不是雅石店鋪，而是真正的居所，是王世定「石妻石子」的住宅。這樣一個神秘的地帶，不是一般人可以進入的。為了讓這些石頭保持淡泊寧靜，他不歡迎來訪者，以免破壞了點石居裏的幽情。真正的收藏家都希冀在最靜謐處諦聽歲月的足音。

　　我是參觀「點石居」的幾個有幸者之一。

　　這裏是真正的石頭屋！客廳中的走道上、壁櫃上、餐桌上、茶几上、音箱上，每一個可以擺放石頭的地方都擺滿了石頭，書房兩面牆的書架上、臥室梳粧檯上，所有能放置石頭的地方也放滿了石頭。可以說，每一塊擺放在這裏的石頭都是雅石珍品，而書房臥室裏的雅石則堪稱神品和逸品了。

　　一位海外雅石收藏家初次來到「點石居」，一進門，他的眼睛就被一塊純米黃色的糧倉形雅石照亮。連聲稱「wonderful！」反覆把摩，越看越喜，情不自禁地說：「請轉讓給我，出多少萬我都要！」王世定幽默地說：「不能，無論出多少萬我都不轉讓，這是我家的糧倉，你把我的糧倉抱走了，我以後怎麼生活？」

　　這塊雅石是王世定從外省一位石友處出高價轉讓來的。起初，那位藏石家也是一口咬定

王世定藏石

王世定藏石

不轉讓，無論出多高的價都不轉讓。自從王世定看到這塊雅石後，回到深圳就茶飯不思，夜不能寐，對這塊雅石犯上了單相思，幾次給那位石友打長途電話，求讓不得，於是日夜兼程趕到外省石友家，只是為了再看一眼心中所愛。王世定回到深圳，還是想那塊石。一次次長途電話，一次比一次懇切的央求，他再次出現在那位外省石友的面前時，他那為伊消得人憔悴的癡情和執著，終於感動了那位「堅決不出讓」的石友。

對於這樣一塊來之不易的雅石，這樣一塊他看得比生命還要珍貴的雅石，王世定怎麼能輕易言讓呢？

在王世定的「點石居」中，幾乎每一塊雅石都濃縮著一個這樣的傳奇故事。

有的雅石是一擲千金出高價買來的，有的雅石則是一分錢不花憑眼力和石緣撿來的。幾乎每年秋冬枯水季節，王世定都要到黔桂之交的紅河覓珍。每到枯水季節，這裏都有很多當地以石為生的農民在河中撈石，石商和藏家就守候在河畔。石工每次打撈一船石頭，石商和藏家都會一擁而上，相石選石，競相出價，而石工也趁機抬價，甚至將他們認為可以賣出好價錢的雅石留下，待價而沽。石商和藏家相不中，石工也認為賣不出去的雅石，就扔掉。

一次，就在他們扔掉的石頭中，王世定抱回來一塊重約 30 千克的大大的紅河石，如獲至寶，專門到上海花了數千元訂做了一個紅木石座，將這塊石置於座上，命名為「赤壁大戰」。

在王世定的餐廳一壁的石架上，錯落有致地擺放著一溜不同產地的黃臘石，其中有一塊是從廣州的一個石友處求購到的。為了求購到這塊雅石，王世定也是費盡心機，數次到廣州，不惜代價要求購到這塊石頭。最後一次來到這位石友家裏，這位藏石家捧出這塊洞洞相連別有洞天的黃臘石，理解地笑道：「不用說了，我知道你是為這塊石頭來的。」

對於收藏家，既然癡情可以感動上帝，癡迷也是可以感動藏友的。

僅僅憑經濟實力，雅石收藏是不能成大器的，更需要的是石識和眼光。石識主要來自實踐和讀書，在「點石居」的書房裏，其中有一個擺滿雅石書刊的書架，很多是港澳臺精裝書，為了積累藏石知識，王世定購書是不惜代價的。讀萬卷書行萬里路，是他收藏成功的兩翼。

年輕時，畢業於美術學校的王世定迷於盆景，從盆景到雅石，從上海南下深圳，因高層居室沒有施展盆景的空間，他轉而專攻藏石，現在已蔚然成為中國藏石界的一大家。最近，最具權威的《中國雅石收藏 50 家》編委會通知他入選，作為廣東省的兩大藏石家之一（另一個是廣東省藏石家學會主席），王世定選送的 5 件雅石藏品全部入選。

王世定藏石

王世定現在已經是深圳觀賞石協會會長，在深圳關山月美術館舉辦的兩次大型觀賞石展覽都獲得巨大成功。2002 年嶺南美術出版社出版了其個人藏石集《雲根妙蘊》。

石瘋子──李觀雲

李觀雲 1996 年開始涉足石界，雖然資歷不長，但全情投入，執著追求，親自深入產地，常入寶山自然不會空手而歸，短短三年時間即坐擁愛石上千。

作為一個企業家，難得的是除了一份賞石的心外，還有一份文化的情，《觀雲雅石》的出版，可謂企業家玩石長志的一個成功範例。

賈平凹 1998 年 6 月為《觀雲雅石》作序，是對李觀雲的全面介紹，值得一讀。

人可以無知，但不可以無趣，這是從旁觀的眼光看的，與無趣之人對坐，如坐牢獄。人可以無愛，但不可以無好，這是從自身的眼光看的，無好之人活著，活著如同死了。人有好，人必有趣，有趣之人則肯定有神靈而靈，是性情中人。

廣東李觀雲好石。我去過他家，一座有三層樓的家院裏，上上下下擺滿了石頭萬件，有大若櫃的，有小如珠的，五光十色，千奇百怪。他曾經開辦過工廠，盈潤頗豐，數年間卻驅車全國各地，千金散去，廣納美石，人多不能理解，以為是瘋子，他當然知道，苦苦奮鬥了10 多年，所賺的錢財原來全為了這些石頭！這猶如招尋民間的雞鳴狗盜之徒，組織演練了一支精兵，又猶如遣散於各地的孤兒終被收養。

自己省吃儉用，獨於山石不能廉，李觀雲有了孟嘗君之風，天下雅石就為之而趨──這其中發生許許多多神秘的故事──如果石能語，石類必有言傳：今沒有梁山泊，卻有觀雲莊。

馬永新藏石

1998 年 8 月，李觀雲在雲苑作《觀雲雅石》後記，記述了他收藏的甘苦——

藏石是發現的藝術，這話一點不假。什麼樣的石頭為之奇，為之美，這必須要用有感覺的目光看，用有視力的手感覺。我對玩石的一點自信，無疑是得力於以往學過美術。凡是藝術的東西，都有相通的地方，所以說「石外功夫」是要做的。

雅石多藏於深山、河道、戈壁灘，為尋得一塊珍品，你要有獵人知覺，不，確切地說，帶著釣魚者的毅力去聆聽它的消息，這就好比白天看星星。似乎星星是永遠不會從天上消失，白天看不見，它們被陽光遮掩了，只有在大地深處幽暗的井水裏輝映閃爍，要想能分享這種無比珍貴的深層光輝，一路風雨的艱難在所難免。

廣東雅石資源並不豐富，我為深入產地，在數個省區輾轉無常，其中的酸甜苦辣，自己最清楚。我始終沒有意識到自己在從事一項了不起的事業，不過是將一件剛開始的事情堅持做下去，平常得如同種自家的自留地。

我隔三差五把石頭往家裏搬，堆得架上也是，地上也是，經過挑選，擺得出來的也不下幾千塊。為了做到物歸其位，除了「大利」、「圓滿」、「長壽」的主題石外，我按景觀、象形、圖紋、色彩、意念五個系列分類。每個系列有一個「龍頭」和各自的組合，既統一又分散，就像一部讀不盡看不厭的作品。面對這部作品，我常常覺得有一雙無形的手，在誘導著、牽拉著，將我悄悄領到它跟前話言話語。那不是神靈，而是一種靈性。石頭通靈性，我想這就是石頭吸引我的地方。

成功的雅石投資者伍仲凱

「談笑有鴻儒，往來無白丁。」廣州陳向陽這樣評價伍仲凱：「與其說大名堂藝術館創辦者伍仲凱是純粹的商人，不如說他骨子裏有著一股收藏家的氣質。這也許正是他投資雅石的原因。」

伍仲凱的朋友、廣東省賞石會會長曾錦能說：「這就叫無心插柳柳成陰——目前全省超過 10 萬名雅石玩家中，可能有很多人都抱著這種心態。」

伍仲凱說，世界上沒有一塊完全相同的石頭，而真正的資源卻是越來越稀缺，這就是他投資雅石最初的信心來源。

天時既備，地利亦成。1998 年，伍仲凱回國後，首站是安徽靈璧縣。在那裏，他出手便買了 30 個貨櫃的靈璧石。驚得當地領導設宴款待這位「傻子」。目前大名堂的茶室中央那個充當茶桌的大石磨，便是那時順便帶來的。

伍仲凱說，當時他投入鉅資到各省尋訪雅石，是基於心中的一個理念：國內的生活水準提高到一個臨界點後，必然會有部分人群尋找各種投資品種；而隨著人們品位的提高，雅石必然會像古玩、書畫、錢幣等收藏品一樣，受到投資者的青睞；而隨著賞石人群的不斷壯大，存世的雅石必將越賣越少，雅石資源出自天然、不可再生、獨一無二，用不了多久，必定大幅度升值。

而伍仲凱的大批雅石安家何處呢？正當此時，富庶的珠三角甚至陽春、三水等地已初步興起了玩石藏石之風。在伍仲凱的家鄉順德，已傳出了中國花博會要在陳村花卉世界舉辦的消息，作為國內最大的花卉貿易基地，這裏已形成了窪地效應，吸引了近 200 家國內外著名花商在此紮根。

伍仲凱想，何不利用好這裏的人氣和雅石與園藝之間的產業關聯？去年初開始，他花了8個月時間來回折騰大名堂藝術館的裝修，終於把他鍾愛的石頭和名家書畫擺到了這個純正明清風格的藝術館裏，做起了大名堂的堂主。

投資翻倍，同好雲集，說來也神，僅僅一年多時間，從伍仲凱的大名堂開業後，原來並不怎麼玩石頭的陳村花卉世界，很快成了廣東最大、最集中的雅石市場。本來規劃為工藝品市場的一塊空地上，卻有了幾十家雅石店鋪。經營者除來自廣東省的英德、陽春、雲浮外，還有來自安徽、廣西、陝西、浙江、福建、上海、江蘇等14省市甚至臺灣和美國的石商。上檔次的雅石一般售價每塊在幾千元至幾萬元不等，高檔奇異的每塊要幾十萬元，可謂雅石貴過洋樓。

隨著雅石生意的風生水起，好消息也打破了「福無雙至」的陳詞濫調，2006年國際雅石盆景展也確定在這裏舉行。陳村花卉世界把原來花博會時留下的1.8萬多平方公尺的交易區全部重新規劃，興建新的觀賞石商鋪；並計畫再興建一個占地3萬多平方公尺的國內最大的雅石市場。

大名堂的名頭日益響亮了起來。國內不少藏石者紛紛向伍仲凱寄來自己的雅石資料尋求轉讓，而他的石頭已經銷往美國、德國、日本、韓國等地。伍仲凱從有較長玩石傳統的上海大量請做底座的師傅，伍仲凱的石頭怎麼看都比別人的高出一個檔次。

至於投資收益，伍仲凱對採訪者笑而不答，但透露了幾個可供參考的資料：當年採購的石頭，目前價值已翻了四五倍；現在他手頭的藏石，大概保持在5000塊左右。他說，開業時曾設想兩三年不賺錢，純當培養個愛好，沒想到這個投資項目的盈利能力這麼強，兩三個月就開始賺錢了。

伍仲凱說，他最大的收穫還是在這裏結識了一大批國內外朋友，使大名堂成了一個文化接待場所。目前不少文藝界泰斗、政界退休人士、儒商巨賈和其他風雅人士，都成了大名堂的座上賓。實際上，以這種藏石交友的心態進行長線投資，才是雅石投資的正道。

如何投資雅石？伍仲凱說，相對書畫、古董而言，雅石不存在贗品，入行門檻較低，但是，所謂「黃金有價石無價」，由於投資者有可能缺乏品石和鑑賞能力，估價時對收入品的低質高估、對轉讓品的高質低估，是雅石投資的主要風險。

伍仲凱說，投資者開始可買些相對便宜一點的雅石積累經驗，同時多參觀此方面的展覽，多搜集關於雅石鑑賞的資料，並設法融入一個有較強藏石氛圍的圈子。急功近利往往會使投資出現失誤。

同時，低價買進當然是好事，但不能老想著逢低吸納。雅石投資的原則講的也是保值、增值，只要具有慧眼，價高的藏石也可有較大升值潛力，回報率也可能會很高，就算一時沒有銷售出去，暫且將它看作

沈泓攝

一件放在家中提供審美價值的天然收藏藝術品也無妨。

　　另外，也要有既能將雅石看雅、也能看俗的心態：看雅了，雅石中滿是學問，僅僅不同的分類方法就能讓人暈頭轉向；看俗了，雅石連下里巴人也能玩，它具備一種天然的親和力。

　　伍仲凱估計未來5～10年是國內投資雅石的巔峰時期。隨著對開採的限制，加之資源本身的稀缺性，今後的雅石鑑賞水準和價格會同步高漲。而只要心態調整好了，小石頭在這期間是完全可以玩出大名堂的。

淚水鋪就藏石路——劉石

　　劉石是一位如癡如醉的愛石者。作為中國收藏家協會會員、作為生長於哈爾濱的東北女性，她對石頭的感情之深、鑑賞能力之高令許多人折服。

　　2002年3月26日，由中國收藏家協會、北京賞石藝術研究會等聯合舉辦的「首屆全國賞石精品大展暨中華雅石展」在北京落下帷幕，劉石的收藏品《一代文豪》和《中國出線》在難以計數的參展雅石中脫穎而出，榮獲金獎。

　　一個人有兩件收藏品同時獲得金獎，這引起了大展組委會和參觀者的極大興趣。但很少有人知道，這榮譽背後是無數的艱辛。

　　剛開始時，劉石對收藏雅石方面的知識知之甚少，收藏時頗費周折。有一天她來到了位於山東省的一家雅石批發大市場，這是她第一次見到如此眾多的雅石彙集在一起，她大飽眼福的同時也懂得了許多。

壁立千仞（沈泓藏紅河石）

橫眉冷對千夫指（沈泓攝）

於是，她買下了好多雅石，千里迢迢地運回哈爾濱。熟悉她的人說「劉石瘋了」、「劉石有神經病」，親朋好友都認為花好多錢買回這些不頂吃不頂穿的硬石頭，實在是划不來。

但劉石知道雅石真正的價值所在，她頂著壓力一直堅持下來。1997 年，她在哈爾濱市道外區錢塘街經營雅石。1998 年，她又在哈爾濱花卉市場裏有了自己經營雅石的位置。以後的日子裏，她以收藏廣西石頭為主。

在廣西紅水河採石時，她每天都與石農生活在一起。當地人經常問她：「你是東北人，怎麼經營起南方石了呢？」劉石說：「我個人認為紅水河的石頭是最好的石頭。」

採石時吃的苦實在是太多了，當石農在河中打撈上一塊形態好的石頭時，劉石總是近乎去搶。住 10 元錢的房子，吃地攤兒的飯，不梳頭，不洗臉，在讓人難以忍受的高溫下披著毛巾，全身皮膚被曬得黝黑。

「有一個美麗的傳說，精美的石頭會唱歌」，一句歌詞道出了雅石的內涵與魅力。石頭本不會唱歌，更不能言語，那為什麼會有這樣讚美雅石的歌，而且深受人們的喜愛？那是人們從石中悟出了言語、悟出了歌聲。劉石就是在與雅石的接觸過程中日漸感悟到了這一點。

發現平凡中的不平凡，拾起遺落中的珍寶。賞石蘊含的韻味，每每令人陶醉，那種天然的美，那種深邃的意境往往強烈地撞擊著人的心靈。鍾愛雅石之美，割捨心中不快，這使劉石體味到了石中的無窮快樂。

10 年間，劉石潛心研究雅石收藏藝術，不斷提高自己的藝術修養，提高鑑賞能力。置身劉石用心血和汗水建成的「哈爾濱市弘揚中華雅石館」，人們會感受到藝術殿堂裏的溫馨與雅致。一塊塊雅石飽含著深遠的思索，返璞歸真，崇尚自然，賞石感悟，樂也陶陶。

劉石說，每塊雅石都有一段故事，看著它們，當初採石時的情景便歷歷在目。

賞石審美，以形感人，以情動人。為什麼會有這麼多的人去採集、購買、欣賞、收藏呢？因為山無石不奇，水無石不清，園無石不秀，室無石不雅，賞石能清心、怡人，賞石能交友。在今天的市場經濟環境中，雅石作為一種高雅的文化藝術品，同時也是一種價值較高的商品。

在石頭組成的世界裏艱難地前行，劉石雖艱辛，但更多的是快樂……

洛河石的挖掘者吳長安

吳長安先生生於建國初期，屬相馬，寓他以騰越之靈氣。家居洛河源頭的洛南縣，其地處秦嶺南麓，卻屬黃河流域，實為南北交融的一方神奇沃土。吳長安在洛河之畔，喝著洛河水，踩著洛河石，四十餘年與洛河源頭石結下了不解之緣。其有利的地質基礎條件，加上近年的不斷摸索，使他對洛河的石頭有了系統的研究和認識，收藏了一批珍品，整理出了洛河源頭石的有關資料，使該石種在藝術上得到昇華。

基於對家鄉的摯愛，更愛洛河的石頭。10 多年來，吳長安集石、賞石、藏石，歷盡千辛萬苦，飽經風雨滄桑，集石 4000 餘方，終於建起了洛南第一家雅石大觀園──「吳長安藏石館」。把「洛河源頭石」這一自然瑰寶展現給世人。吳長安先生的藏石館佔地 900 多平方米，藏石 50 餘種，4000 餘方，小的盈寸，大的數噸，種類之全，數量之多，令人歎為觀止。

吳長安的藏石中，以洛河源頭石為主。洛南金錢石尤為突出，占總數的 70%。具初步考

王承祥藏黃河石

生肖蛇（沈泓藏石）

證，洛南金錢石形成於五億年前，它色彩豐富、紋理清晰、手感細膩、石質堅硬、形狀百態、色域分明，目前世界上尚未發現第二個產地，故金錢石在「洛河源頭石」中獨領風騷，具有極高的觀賞價值和收藏價值。

吳長安的藏石曾多次參加國際國內石展，他的「金錢靈芝」在 2002 年《中華雅石名家名品「新澤園」杯石展》中榮獲金獎；「歸田園居」獲 2002 年文化部舉辦的《「中興杯」中國首屆全國雅石展》金獎；「赤壁懷古」獲第五屆中國賞石暨國際石展銀獎。許多精品石被省內外賞石藏石家收藏，金錢石「金玉滿堂」被全國賞石協會評委、陝西省賞石協會會長李饒先生收藏；金錢石「荷塘」被西安市賞石協會理事張華先生收藏。

吳長安博學善思，在賞石、藏石方面具有很深的造詣，他的賞石理念始終凝結在追求自然的深遠意境中，走進他的石館，給人一種回歸自然、返璞歸真的純自然境界。

彩陶石收藏家林志榮

曾繼華這樣描繪林志榮所藏動人心魄的石頭：「那集嫩黃、翠綠、晶墨、乳白於一爐，色彩豐富、變幻萬千、令人心醉神迷的柳江河彩陶石，那通體烏精發亮、堅實滋潤、造型奇絕、意境靈動、景觀萬變、令人日思夜夢的原龍壁柳硯石，就是林志榮的石頭傑作。」

人與石的緣分真是妙不可解。一次偶然的放漂採石，林志榮在十二灣河段的流灘上遇到一枚鵝黃與品綠融會的彩陶石，於是一個色彩斑斕、繽紛炫目的雅石神話夢境就此被林志榮發現並再現在世人面前。

一位臺灣石商從林志榮手上買一批柳州彩陶石運到臺灣，引起強烈反響，被人冠以「龍陶」之名。大批的石友石家石商們，從全國各地，從東南亞各國，聞名而至。神秘絕妙的柳州彩陶石世界迷醉了人們，人以石貴，林志榮一時名動柳州石界。

正當人們忘情於柳州彩陶石世界的神話時，林志榮又把目光投注在著名的柳州八景之一的「龍壁迴瀾」水面上。

柳州河水逶迤從西北而來，又得融江、龍江二水彙聚其間而浩蕩奔騰，入城之後，與 1500 公尺長的龍壁山迎面相逢，到此之際，柳江河將聚積的神奇自然力量盡情釋放，碧水化

作白浪翻飛，江流激盪更加沉宏，挾勢騰挪向東而去，由此也成就了「龍壁迴瀾」的萬古盛名。

遠在1000多年前，柳宗元任柳州地方長官期間，採龍壁秀石製硯贈詩人劉禹錫，劉賦詩致謝，又挑選龍壁山石料製成疊石琴贈送好友淮南節度使衛次公。這些史實，已成千古佳話，龍壁山下的雅石因而享名「龍壁柳硯」。

身入石界之後，林志榮多次聞聽龍壁柳硯之名，但所見之石均是小品之作，難入方家慧眼。白雲蒼狗，千載悠悠，難道柳宗元描繪的「珍奇殊形」「自然古色」的龍壁柳硯的佳品已經湮滅了？

林志榮深信龍壁硯一定還有輝煌神品。雅石奧秘在於發現，只有發現才是雅石收藏的唯一來源，多少次的披星戴月，多少次的枕波臥灘，林成榮日復一日地堅持進行龍壁柳州雅石世界的新探秘。

千古流傳之人，萬古不敗之石。龍壁柳硯那神秘奇奧的「阿里巴巴之門」又一次被叩開了，浸潤光潔的石膚，堅硬細密的石質，幻化無窮的形狀，飛躍靈動的態勢，難以言表的意蘊，林志榮把自己採集的一批絕妙的龍壁柳硯雅石展示在人們面前：那煙霞縹緲的《圓嶠仙境》，那奇中見巧的《天池承露》，那神韻天趣的《雙潭映月》，那壯觀絕倫的《龍壁迴瀾》，那形意變幻的《靈池渙趣》，等等，每一品都是那樣的精巧奇絕和自然天成，每一件都是那樣的美妙詭譎和獨一無二。

恐龍蛋化石收藏家李廣嶺

李廣嶺是奇人，奇在以石為友，樂此不疲。

1993年，國際恐龍年。當時，英、美、日、德相繼傳來拍賣恐龍蛋化石的消息，而這些化石均來自中國，來自河南南陽市的西峽縣。於是，中國101位學部委員聯合發出呼籲：救救古化石！救救恐龍蛋！

作為一名雅石收藏者，李廣嶺很著急，自己雖然無力制止這股走私倒賣狂潮，但有義務進行保護。為不使恐龍蛋化石四散流失，李廣嶺賣掉了三層樓房和地皮，籌資22萬元，到南陽進行搶救性收購保護。

這次李廣嶺收集的2000多枚恐龍蛋化石，有多項世界之最：個人收藏數量最多，品種最全，重量最大。他也因此被載入《世界吉尼斯大全》。

李廣嶺將收集到的2000餘枚恐龍蛋化石運回鄭州後，從中挑出一部分，同其他雅石一起先後同鄭州「河南省博物館」、「北京自然博物館」、「中國地質博物館」合作組織「雅石王國」精品展。

國家有關領導人和科學界的專家學者紛紛前往參觀，稱讚李廣嶺為保護恐龍蛋化石作出了巨大貢獻。全國政協副主席王光英稱讚他「為國家辦了件大好事」。首都一批專家參觀後專門舉行了座談會，稱李廣嶺此舉為科學研究提供了良好的標本，河南省有關領導部門也充分肯定了李廣嶺的貢獻。

這麼多年，李廣嶺耗資數百萬元收集到各類雅石、礦標、古生物化石多達10多萬方，200餘噸重。他是雅石收藏家，同時也是鑑賞家和詩人，他收藏的珍品都有配詩。

李廣嶺深信雅石本身就是一筆巨大的精神財富，收藏雅石，不僅僅是展現大自然的風

沈泓藏石

采，更重要的是繼承和發揚傳統的民族文化。他的事蹟入選了《世界名人錄》，並獲「世界文化名人成就獎」。

雨花石收藏家吳浩源

全國著名的雨花石收藏家吳浩源先生，賞石界恐怕沒有人不知道他的大名，他不僅藏石甚豐，而且在研究雨花石方面頗有成就。

雨花石瑩潤如玉，石色絢麗如霞，石紋清雅如畫，古人把它與瑪瑙、琉璃、水晶等並列為「七寶」，足見對其喜愛之程度。

現為華東師範大學副研究員的吳浩源先生，因嗜石如癡如迷，人們送給他一個「石癡」的雅號。他經過20多年的辛勤奔波，耐心尋覓篩選，如今收藏的雨花石達數千枚之多。

他的藏石精品先後在上海、南京、北京等地參展、聯展、獨展60多次，不少新聞媒體紛紛報導宣傳。他的不少藏石照片被收入《雨花石珍品集》《雨花石精選》《收藏》等書刊及掛曆與明信片。

吳浩源藏石不但數量多，而且品位較高。他吸取清末雨花石收藏家許問石的經驗，總結出「色形奇逸」四字訣，即色澤要古雅，形體要完整，花紋要奇特，至於逸，則妙在不可思議。在收藏中，他認為石形完美無損當然好，但有時某一破裂部分，恰好是構圖所需，有化腐朽為神奇的效果。比如他收藏的《參天古木》石，樹根是破損的，但正是千年古木特有的形體，破損不但不是毛病，反而為雅石錦上添花。

為了進一步提高學識和鑑賞水準，他遍覽古今有關資料，且善於以石交友，以石拜師。他特意拜訪了已90多歲高齡的大收藏家朱孔陽先生，當面請教，細細觀賞其家傳數代的藏

石，使他獲益匪淺。

吳浩源常常說，他在雨花石收藏和研究方面能有所成就，還受到了眾多名家和雨花石愛好者的關心鼓勵，就連 109 歲的壽星、全國著名書法家蘇局仙老前輩還為他寫了「雨花石」三字。

淄博文石收藏家劉勇

在淄博，玩石時間短且玩出一定成績來的，可謂不多，劉勇便算其中一個。

當過兵、進過車間、經過商又走南闖北尋找過自己人生座標的劉勇，在不惑之年後，認真對自己進行了反思與重新定位。他那敢闖敢幹的性格加上聰穎的悟性，使他在一個偶然的機會中靠近了「石頭」，從此認定了自己的「石緣」路。

最初的「石路」是尷尬的，擺在他面前的各具形態的文石，在他眼裏就是一塊塊石頭。不懂，也不識貨。但他肯學、肯問、肯鑽研，不長時間，竟對「石頭」產生了感情，於是，一塊塊的石頭便在他的心中有了靈性，逐漸鮮活了起來。

1998 年淄博市石展舉辦後，劉勇萌發了擁有自己「石屋」的念頭。不事經濟的他開始將自己的「作品」擺上了地攤，擺進了各類石展會。這期間，他失意過，彷徨過，但他從一些賞石愛好者那裏學到了自己不曾瞭解的知識，更堅定了提高自己玩石水準、辦好自己「石屋」的決心。

功夫不負有心人，經過努力，劉勇擁有了自己夢寐以求的石屋，自題為「石緣齋」，規模也從當初的幾塊靈石，發展到近百塊精品。2002 年 9 月，在中國收藏家協會舉辦的「中國臨朐新世紀首屆中華雅石博覽會」上，劉勇精心挑選的 19 件作品中的「梳妝」「麟威」分獲金獎和銀獎，同時還拿了 6 個優秀獎，獲得大會組委會和同行們的高度讚揚。

劉勇，這位淄博文石界的新人，彷彿一夜之間就成長了起來。

石頭以質為貴，人以德為美。玩石之趣，是純淨心靈智慧的發現藝術，是與大自然最

靈壁石（沈泓攝）

木化石（沈泓攝）

木化石（沈泓攝）

貼切、最契合的天人合一的藝術，它集世界現代藝術創作手法之大成，容當代最新美學之精粹。雅石可觀賞，可發人無盡的遐思，世上獨有。

劉勇對石頭的珍愛癡迷，致使他不事他事，所以為「石緣齋」自擬一幅對聯——「實石求事石會友，玩石雅事伴君朋。」

玩石出財富的李有才與曾錦能

他們倆是玩石頭而擦出火花的一對朋友，一個是有公職的雅石收藏家，一個是私營經商的藏石「發燒友」，非親非故，是石頭把他們聯結在一起。他們在藏石方面都有各自的苦和樂：李有才告知曾錦能，他玩石頭曾交了不少「學費」——那次他在三亞相中了一頭用田黃石做的水牛，便掏出 500 元買下，以為得寶，正暗自竊喜，豈料在歸途中，「水牛」被弄掉了一隻角，他納悶，這田黃石怎麼就如此脆弱，不經一碰？回家用火柴一燒，這熔化的「水牛」便原形畢露了，這哪裏是田黃石，只不過是以塑膠造假而已。曾錦能也向李有才傾訴，開始玩石時，由於不會鑑別真假，走了不少彎路、碰了不少釘子。

自從他們結識以後，便一齊進石、分石，後來他們乾脆聯手合作，合夥投資，同擔風險，不分彼此了。哪裏有雅石展覽，他們都結伴觀看。一有石頭資源的資訊，他們就驅車前往，一旦滿載而歸，也不畏艱辛親自押車把石運回。因為收藏石頭，他們跑遍了大半個中國，幾乎去過所有的雅石市場，結識了不少各地的石友。

李有才和曾錦能是以「返璞歸真，回歸自然」的心態步入這行列中的。他們說，中國的石文化源遠流長，古人有語：「智者樂水，仁者樂山，仁智兼者樂石。」在不斷的實踐中，他們深得太湖、靈璧、英石、雨花石這中國四大名石「瘦、漏、透、皺」的藏石要領，培養

出「過目難忘，逢石必究」的興趣來。

　　後來，曾錦能的餐廳也不開了，他索性轉營茶藝館，把所藏的雅石擺設其中讓茶客品味，並在茶館掛上名家書畫點綴。他認為中國的詩書畫和觀雅石、根雕及品香茗是一體和諧的文化景觀，缺一不可。憑這雅興的休閒去處，吸引了不少文人雅士和商賈過客。而李有才送展的一塊取名為《聖母峰》的三江石，在昆明「世博會」獲得了銀獎。為廣東賞石界爭得殊榮。

　　10 多年來，他們經歷了採石、品石、藏石、養石、展石的過程。現在，他倆的雅石藏品已多得要用編號統計，價值連城。他們的家只是一個小小的雅石收藏館，那些不能放在其家中的巨型雅石，他們就擺放在天河公園供遊人觀賞。

廣西水沖石（沈泓攝）

後　記

沈泓藏紅河化石

算起來，我收藏雅石的歷史幾乎與我的生命同在。

小時候，我的家就住在長江邊上，冬春時節，江水退了，江邊沙灘上露出一片片白花花的鵝卵石，在陽光下閃閃發光，我和小夥伴們就在卵石堆中挑選一些象形石、圖案石和文字石，然後比誰的最像。一旦發現一塊形似和神似兼備的石頭，就會得意忘形地歡呼起來。那時，甚至夢裏都是石頭。

長大了，以爲不會再有兒時的趣致和頑皮。然而，記得在 1986 年，有一天約幾個同學騎車到長江邊上看風景，看到一堆小山似的鵝卵石，又不由自主地走過去，情不自禁地在卵石堆裏挑選心愛之物。想不到，幾個同學都和我一樣對石頭癡迷，就這樣，我們在石頭堆裏泡了一個下午。可見，石頭是可以喚起童心和靈氣的。

記得當時其中有一個書法家，他撿得的石頭不僅最爲肖形，而且最富有美感，引得我們一陣陣驚歎。這說明，雅石收藏不是什麼人都可爲的，有藝術素質的人才能有一雙發現美的眼睛，有靈性的人，才和石頭有緣。

第一次買石頭是 1990 年，當時應邀到南京參加一家雜誌舉辦的筆會，那次最大的收穫是拎回來一袋沉甸甸地雨花石。這是在雨花臺石市上花了一個上午的時間選購來的。至今，這些雨花石還珍藏在武漢的家裏。

有意識地收藏雅石是到深圳以後。1996 年，我一來到深圳就發現了羅湖商業城有一個全國性的雅石博覽會，幾乎每個星期我都要去觀賞和選購雅石。

就是在這裏，我認識了雅石收藏家王世定（後來他組建並當選爲深圳觀賞石協會會長）。在這個圈子裏，我認識了一批雅石收藏家和雅石經銷商，還應王世定之邀參加了在荔枝公園舉辦的深圳觀賞石協會的第一次常務理事會（籌備會），也算是深圳觀賞石收藏活動發起和發展的見證人。

從 1996 年羅湖商業城東方雅石博覽會，到黃貝嶺古玩城雅石收藏市場，再到東門宏基雅石收藏市場，我經歷和見證了深圳雅石收藏市場 10 年發展的景象。由深圳每年舉辦的全國雅石交流會，我確切感知到中國雅石收藏走向的脈搏，這就是，雅石收藏隊伍越來越壯大，收藏市場規模逐年擴大，雅石資源越來越少，珍品價值越來越高，收藏和投資相容的趨勢越來越明顯。

雅石不僅可以造就成功的收藏投資者，還可以創造成功的人生。這本書凝結著筆者多年雅石收藏的甘苦和經驗教訓，但願它能讓讀者避免我走過的彎路，避免昂貴的學費，不僅提供給讀者雅石收藏鑑賞和投資的知識，還能提供給讀者收藏投資的正確理念。

於深圳一泓閣